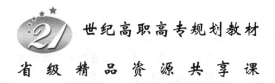

世纪高职高专规划教材

省级精品资源共享课

SQL Server 数据库基础

主　编　余　平　张淑芳

副主编　田敬华　陈　蕾

参　编　杨友斌　母泽平

U0282109

北京邮电大学出版社
www.buptpress.com

内 容 简 介

本书是重庆市省级精品课程"SQL Server 数据库应用基础"课程建设的配套教材,是根据高职院校软件技术专业人才培养方案的要求,同时借鉴国家示范高职院校软件专业教学经验编写的一本特色教材。

本书以项目任务驱动方式组织各章节知识点,全书共分为 10 章,主要章节由数据库概述、SQL Server 2016 数据库安装与配置、数据库的创建与管理、数据表的创建与管理、数据库表查询、索引与视图、T-SQL 语言编程基础、存储过程、触发器和数据库备份与恢复等知识组成。本书理论与实践相结合、内容层次分明、示例代码简洁明了,每个案例代码都能上机运行,课后每个单元都有相应的练习,便于读者检验学习情况。

本书由大量教学资源支撑,配有课程标准、PPT 文档、示例源代码、教学微视频等资源,适合作为高职院校数据库基础课程的教学教材,也适合作为各类工程技术人员和设计人员的参考用书。

图书在版编目(CIP)数据

SQL Server 数据库基础 / 余平,张淑芳主编 . -- 北京:北京邮电大学出版社,2018.2 (2021.7 重印)
ISBN 978-7-5635-5382-2

Ⅰ. ①S… Ⅱ. ①余… ②张… Ⅲ. ①关系数据库系统 Ⅳ. ①TP311.132.3

中国版本图书馆 CIP 数据核字 (2018) 第 020707 号

书　　　名:SQL Server 数据库基础
著作责任者:余　平　张淑芳　主编
责 任 编 辑:满志文
出 版 发 行:北京邮电大学出版社
社　　　址:北京市海淀区西土城路 10 号 (邮编:100876)
发　行　部:电话:010-62282185　传真:010-62283578
E-mail:publish@bupt.edu.cn
经　　　销:各地新华书店
印　　　刷:北京鑫丰华彩印有限公司
开　　　本:787 mm×1 092 mm　1/16
印　　　张:12.75
字　　　数:335 千字
版　　　次:2018 年 2 月第 1 版　2021 年 7 月第 2 次印刷

ISBN 978-7-5635-5382-2　　　　　　　　　　　　　　　　定　价:32.00 元

前　　言

SQL Server 数据库是一种关系型数据库管理系统。本书是关于 SQL Server 关系数据库的一本专业基础教材，以培养符合企业需求的软件工程师应用开发、实施为目标的 IT 职业教育书籍。该书集理论知识和实践项目于一体，着重培养学生的熟练度、规范性、集成和项目能力，从而达到预定的培养目标。

本书特点：

我们对本书的编写体系做了精心的设计，按照"理论学习—知识总结—实践练习—课后习题"这一思路进行编排，每章节的安排如下：

（1）本章问题解决。

（2）学习导航：通过图表表示本章内容在整书中的位置，告知学习者学习进度与本章内容。

（3）知识目标：主要列出通过本章学习，学生应知应会的知识点。

（4）能力目标：主要要求通过学习，学习者应能达到的技能能力。

（5）本章小结：高度总结本章的重点内容，帮助学生回顾所学知识，加深理解。

（6）拓展练习：旨在提高学生的实践能力。

（7）本章习题：帮助读者理解章节的知识点。

学习资源：本书是重庆市省级精品课程"SQL Server 数据库应用基础"的配套书籍，学习者可以在在线平台上获得相应的资源。学生可以在在线课程平台学习和在线测试，资源包括微视频，PPT 课件、作业和测试以及其他拓展资源全套资源。

本书组织：

章节	教学内容	具体内容
第 1 章	数据库概述	数据库基本概念、概念模型与 E-R 图，关系模型与关系数据库
第 2 章	SQL Server 2016 数据库安装与配置	SQL Server2016 安装准备、组件、服务与安全杆设置
第 3 章	数据库的创建与管理	数据库存储结构，创建与管理，数据库分离与附加
第 4 章	数据表的创建与管理	数据表创建与管理方式，数据完整性、数据表中数据的各种操作
第 5 章	数据库表查询	SELECT 语句。查询的各种子句及形式、使用方式
第 6 章	索引与视图	索引与视图概念、索引与视图创建与管理及使用方式
第 7 章	T-SQL 语言编程基础	T-SQL 语言的基本知识、要素、流程控制
第 8 章	存储过程	存储过程技术、创建与管理方式
第 9 章	触发器	触发器概念、管理、使用方式
第 10 章	数据库备份与恢复	数据库备份概念、备份文件、主要备份形式及使用过程，恢复技术及使用方式

本书由余平、张淑芳担任主编、田敬华、陈蕾担任副主编、杨友斌、母泽平参编。其中第 1 章、第 2 章、第 4 章、第 10 章由余平编写,第 3 章、第 5 章、第 6 章由张淑芳编写,第 7 章、第 8 章由田敬华编写,第 9 章由陈蕾编写,全书由余平统稿。

由于编者水平有限,书中难免存在疏漏和不足。敬请广大读者批评指正,帮助本书改进和完善。

编 者

目　　录

第1章 数据库概述

本章解决问题

本章开始数据库学习之旅。"万丈高楼从地起",学习数据库技术,需要了解数据库的基本知识,管理方式及数据组织方式等知识。本章将解决数据库系统结构问题以及熟练使用 E-R 设计方法设计数据库结构。

本章导航

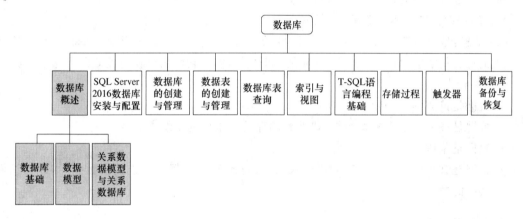

知识目标

➢ 了解数据库基本概念。
➢ 了解数据库系统组成。
➢ 了解数据模型知识。

能力目标

➢ 掌握 E-R 图的设计方法。
➢ 掌握关系数据库基本设计方法。

1.1 数据库基础

1.1.1 数据库基本概念

数据库(DataBase,DB),是将数据按一定的组织结构存放在计算机的存储设备上的数据集合,如图 1-1 所示。

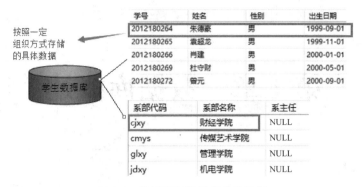

图 1-1　数据库与数据库中的数据

（1）数据：数据是人类对客观事物的一种描述符号。

数据种类（表现形式）：数字、文字、声音、图像、视频等。

例如，有两名学生的姓名分别是：朱德豪和肖建，这里的朱德豪、肖建就是文字数据；2012180264 是数字数据。

数据库中存储的基本对象就是数据。

（2）信息：是指加工后的数据，加工后的数据具有一定的意义。例如，朱德豪、肖建文字信息，承载的意义是学生的姓名；2012180264 是一个数据，但是它可能承载的意义是学生的学号。

数据库特点：

- 数据是持久的，存储在计算机媒介上。
- 数据是按一定数据模型组织、描述和储存的。常用的组织方式为表。
- 数据是集成的。
- 数据是共享的。只要具有一定的权限，按正确的方式都可以连接到数据库，并且访问其中的数据。

1.1.2　数据库管理系统

数据库管理系统（Database Management System，DBMS）是位于用户与操作系统之间的一层数据管理软件。是构建在数据库之上的应用系统，目的是为管理者管理、使用和维护数据库提供支持，如图 1-2 所示。

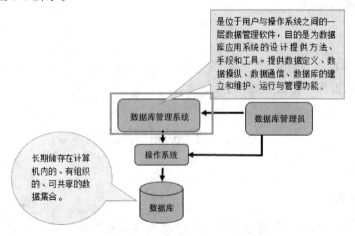

图 1-2　数据库管理系统地位与作用

数据库管理系统的主要功能有：

（1）数据定义功能

DBMS 提供数据定义语言（Data Definition Language，DDL），主要用于建立、修改数据库的库结构。

（2）数据操纵功能

DBMS 还提供数据操纵语言（Data Manipulation Language，DML），用户可以使用 DML 实现对数据的基本操作，如查询、插入、删除和修改等。

（3）数据库的运行管理

数据库管理系统对数据库的安全性、存取控制、日志管理和组织等统一管理、统一控制，以保证数据的安全性、完整性、多用户对数据的并发使用及发生故障后的系统恢复。

（4）数据库的保护和维护功能

DBMS 对数据库的保护主要体现在四个方面：数据库的恢复、数据库完整性约束、数据库安全性控制以及数据库并发控制。这些功能通常是由一些实用程序完成的。

1.1.3　数据库系统

数据库系统是指在计算机系统中引入数据库后形成的一套有高度组织性的系统。一般由硬件系统、数据库、数据库管理系统、应用系统以及相关人员组成，如图 1-3 所示。

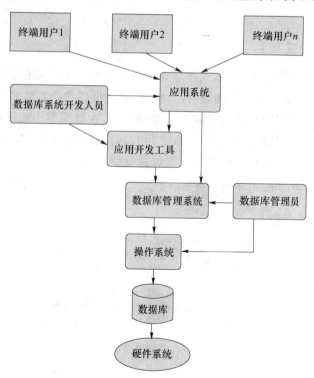

图 1-3　数据库系统结构

（1）计算机硬件系统

硬件系统是指数据库运行所需的基本配置，存储设备等；软件系统是指数据库系统运行所需要的操作系统环境等。

（2）数据库

在一个数据库系统中，常常可以根据实际应用的需要创建多个数据库。

（3）数据库管理系统

数据库管理系统是整个数据库系统的核心。

（4）应用系统

除了数据库管理系统外，一个数据库系统还必须有其他相关软件的支持。这些软件包括：操作系统、应用软件开发工具等。

（5）相关人员

数据库系统的人员包括数据库管理员和用户。在大型的数据库系统中，需要有专门的数据库管理员来负责系统的日常管理和维护工作。

1.2 数据模型

数据库保留根据应用需要收集信息，获得原始数据，然后将数据按照数据库组织模式建立数据库的过程；按照该数据库模式建立的数据库，应当能够完整地反映现实世界中信息及信息之间的联系，有效进行数据存储；执行各种数据检索和处理操作以及有利于数据维护和数据控制管理的工作。

1.2.1 数据描述与模型

（1）数据描述：在现实生活中，不同领域对同一对象描述是不同的，不同领域对数据表示方式称为数据描述。这里涉及三个领域：现实世界、信息世界和机器世界。

（2）数据模型：是对客观事物及其联系的数据描述，在数据库中使用数据模型来抽象、表示和处理现实世界中的实体以及实体与实体之间的联系。简单地说，数据模型就是对现实世界的模拟，数据模型一般分为概念模型与逻辑数据模型，如图 1-4 所示。

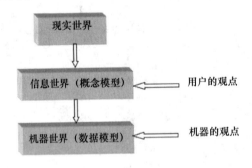

图 1-4 数据模型分类

① 现实世界

现实世界是指客观存在的事物以及它们之间的联系构成的现实。如学生群体、课程等事物，它们之间也存在相关联系。

② 信息世界（概念模型）

信息世界是对现实世界的认识和抽象，按照用户的观点对现实世界事物的描述和抽象，一般称为概念模型。

③ 机器世界(数据模型)

机器世界是指按照计算机的观点对数据的描述,一般称为逻辑数据模型,用于 DBMS 实现对数据的处理。在数据库技术中,逻辑数据模型一般是从概念模型的数据转换而来。SQL Server 采用关系型数据模型存储数据。

1.2.2　概念模型与 E-R 图

图 1-5　概念模型

概念模型是将现实世界需要处理的事物数据抽象为信息世界的数据表达,信息世界的数据描述称为概念模型。

概念结构设计是将现实世界的事物特征抽象为信息世界概念模型的过程。概念结构设计的结果是概念模型,在数据库设计中,概念模型一般使用 E-R 图进行描述。其中 E 表示实体,R 表示实体之间的关系,E-R 图也称为实体-联系图。

1. E-R 模型三要素

(1) 实体

实体是现实世界中任何可以被认识、区分的事物。实体可以是人或物,可以是实际的对象,也可以是抽象的概念(如事物之间的联系)。例如,学生、教材、选课以及老师与学生之间的联系等都是实体。

(2) 属性

实体所具有的某一特性称为属性。一个实体可以由若干个属性来描述。例如,学生实体可以由学号、姓名、年龄、性别、班级等属性组成。

(3) 联系

在现实世界中,事物内部以及事物之间是有联系的,实体之间的联系通常是指不同实体集之间的联系。

两个实体之间的联系可以分为三类:

① 一对一联系(1∶1)

如果对于实体集 A 中的每一个实体,实体集 B 中至多有一个(也可以没有)实体与之联系,反之亦然,则称实体集 A 与实体集 B 具有一对一联系,记为 1∶1。

例如,学校里面只有一个正校长,一个正校长只能任职一个学校。则校长与学校之间具有一对一联系。

② 一对多联系(1∶n)

如果对于实体集 A 中的每一个实体,实体集 B 中有 n 个实体($n \geq 0$)与之联系,反之,对于实体集 B 中的每一个实体,实体集 A 中至多只有一个实体与之联系,则称实体集 A 与实体集 B 有一对多联系,记为 1∶n。

例如,一个班级有 n 个学生,而一个学生只属于一个班级,则班级与学生之间具有一对多联系。

③ 多对多联系($m:n$)

如果对于实体集 A 中的每一个实体,实体集 B 中有 n 个实体($n \geq 0$)与之联系,反之,对于实体集 B 中的每一个实体,实体集 A 中也有 m 个实体($m \geq 0$)与之联系,则称实体集 A 与实体集 B 具有多对多联系,记为 $m:n$。

例如,一门课程可以由多个教师讲授,一个教师也可以讲授多门课程,课程和教师之间就是多对多关系。

2. E-R 方法的概念模型设计

E-R 模型的图示形式就称为 E-R 图。E-R 图提供了用图形表示实体、属性和联系的方法。

E-R 图要素表示方法如下:

- 矩形框:表示实体(E),在矩形框中写明实体名称 实体名 。
- 菱形框:表示联系(R),在菱形框中写明联系名称。并用无向边将其与相应的实体连接起来,并在无向边旁用数字或字母标明联系的类型 联系名 。
- 椭圆形框:表示实体或联系的属性,并将属性名写入椭圆形框中。并用无向边将其与相应的实体连接起来 属性名 。

【例 1-1】 用矩形表示学生、课程、校长、班级等实体,用菱形表示它们之间的联系,把三种联系类型表达出来,如图 1-6 所示。

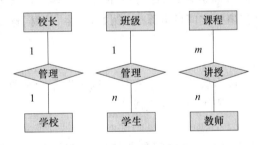

图 1-6　$1:1$、$1:n$、$m:n$ 的 E-R 图

3. E-R 图的设计

(1) 确定现实系统可能包含的实体,确定实体集合。

(2) 确定每个实体的特征(属性),特别注意实体的键。

(3) 确定实体之间可能有的联系,并结合情况给每个联系命名。

(4) 确定每个联系的种类和可能有的属性。

(5) 画 E-R 图,建立概念模型,完成现实世界到信息世界的第一步抽象。

【例 1-2】 建立学校教学管理 E-R 图的实例。

(1) 确立有哪些实体?

(2) 找出实体间有哪些联系? 各联系是什么类型?

(3) 若实体的属性太多,可如何简化 E-R 图?

实体	属性	联系
教师	教师号、姓名、性别、年龄、职称、专业	教师-学生（$m:n$）
学生	学号、姓名、性别、年龄、专业、班级	教师-课程（$m:n$）
课程	课程号、课程名称、学分、选用教材	教材-课程（$1:1$）
教材	教材编号、教材名称、学分、出版社、价格	

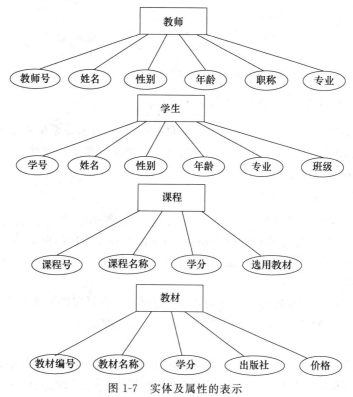

图 1-7　实体及属性的表示

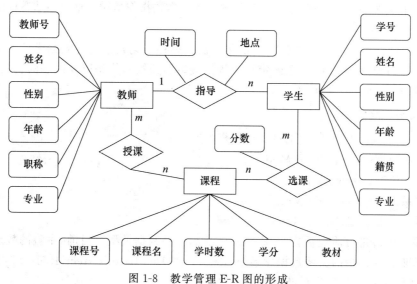

图 1-8　教学管理 E-R 图的形成

小提示：若实体的属性太多，可在 E-R 图中只画实体间的联系，而实体及属性用另一个图表示，简化 E-R 图，如图 1-9 所示。

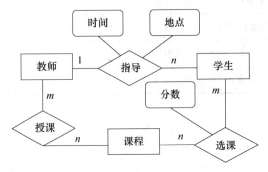

图 1-9　简化后的 E-R 图

1.2.3　逻辑数据模型与关系数据模型

逻辑数据模型（Logical Data Model）：简称数据模型，从数据库系统观点所看到的模型，主要用于具体的 DBMS 实现，是具体的 DBMS 所支持的数据模型。逻辑数据模型的任务是描述计算机世界中数据与数据之间的关系及数据存储、处理的特征。

1. 逻辑数据模型的三要素

逻辑数据模型是按计算机系统的观点组织数据，关注数据结构，是严格定义的一组概念的集合，这些概念精确地描述了系统的静态特性、动态特性和完整性约束条件。逻辑数据模型通常由数据结构、数据操作和数据的约束条件三部分组成，也称为数据模型的三要素。

（1）数据结构

数据结构是对实体型和实体间联系的表达和实现，是所研究的对象类型的集合。这些对象是数据库的组成部分，数据结构是对数据模型静态特性的描述。

（2）数据操作

数据操作是指对数据库中各种对象（型）的实例（值）允许执行的操作的集合，包括操作及相应的操作规则。数据库主要有数据查询和数据更新两大类操作。数据模型必须定义这些操作的确切含义、操作符号、操作规则以及实现操作的语言。数据操作是对数据模型动态特性的描述。

（3）数据的约束条件

数据的约束条件是一组完整性规则的集合。完整性规则是给定的数据模型中数据及其联系所具有的制约和依存规则，用于限定符合数据模型的数据库状态以及状态的变化，以保证数据的正确性、有效性和相容性。

2. 逻辑数据模型分类

目前，数据库领域中最常用的逻辑数据模型有

（1）层次模型（Hierarchical Model）。

（2）网状模型（Network Model）。

（3）关系模型（Relational Model）。

（4）面向对象模型（Object Oriented Model）。

其中关系模型是目前最重要的、应用最广泛的一种数据模型。目前，主流的数据库系统大部分都是基于关系模型的关系数据库系统（Relational DataBase System，RDBS）。本书介绍的 SQL Server 数据库是基于关系模型的关系数据库。

1.3　关系数据模型与关系数据库

关系数据模型是用二维表格结构表示实体及实体间联系的模型,每个关系的数据结构是一张二维表,满足关系模型的二维表格是个规则的二维表格,由行和列组成,每一行与每一列都是唯一的。这样的二维表格称为关系,表格的第一行记录属性名。后面每一行称为元组,每一列称为字段(属性)。

1.3.1　关系模型的数据结构

关系(Relation)是满足一定条件的二维表,其数据结构定义有:

(1) 关系(Relation):关系(二维表)的每一行(元组)定义实体集的一个具体实例,每一列定义实体的一个属性。

(2) 属性(Attribution):关系(二维表)的每一列必须有一个名称,称为属性,且属性名必须唯一。

(3) 元组(Tuple):关系(二维表)的每一行称为一个元组(行或记录)。

(4) 域(Domain):表(二维表)的每一属性有一个取值范围,称为域。域是一组具有相同数据类型的值的集合。

(5) 关键字(Key):关系(二维表)中可以唯一标识一个元组(一行)的一个属性或多个属性的组合。一个关系中只能有一个主关键字。如学生关系中,每个学生的学号都是唯一的,唯一标识一个学生,学号就可以成为关键字。

(6) 外键(Foreign Key):一个关系中的一个属性(或属性组合)不是此关系的主键,但是却是另一个关系的主键,这个属性对此关系而言就是外键,称为外部关键字。如系编号在系部表中是关键字,对学生关系表来说就是一个外键。

(7) 关系模式(Relation Schema):关系模式是对关系数据结构的描述。简记为:关系名(属性 1,属性 2,……,属性 n)。如 Students(学号,姓名,性别,年龄,系别)。

1.3.2　概念模型到关系模型的转换

逻辑数据结构设计就是指设计每个关系模式的结构,包括各关系模式的名称、每一关系模式中各属性的名称、数据类型和取值范围等内容。

关系数据模型的设计一般将 E-R 图转换成关系逻辑模型,也就是将信息世界(概念模型)转换为机器世界(关系模型)的过程,如图 1-10 所示。

图 1-10　逻辑数据模型概念

概念模型 E-R 图转换为关系模型的基本方法如下。

(1) 实体(E)转换为关系

概念模型中的一个实体转换为关系模型中的一个关系,实体的属性就是关系的属性,实体的主键就是关系的主键,关系的结构是关系模式。

【例 1-3】 将图 1-11 实体(E)学生转换为关系模式：

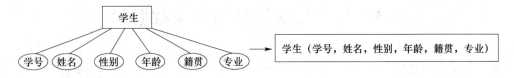

图 1-11　实体与关系模式

（2）实体集间联系转换为关系

在向关系模型转换时,实体集间的联系需要正确转换为关系的联系。

① 1∶1 联系的转换方法

一个 1∶1 联系可以有两种方式转换：

- 将联系与任意实体所对应的关系合并,将另一端实体的主键和联系本身的属性,加入到合并端。
- 将联系转换为一个独立的关系,其关系的属性由与该联系相连的各实体集的主码以及联系本身的属性组成,而该关系的主码为端实体集的主码。

【例 1-4】 将图 1-12 的 1∶1 联系的 E-R 图转换为关系模型。

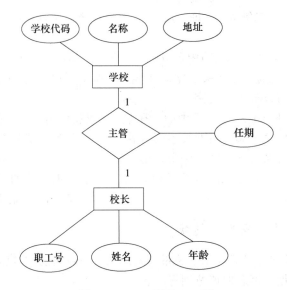

图 1-12　1∶1 联系 E-R 图

方法 1:将联系主管并入实体校长端,校长端,加入实体学校端的主码"学校代码"以及联系本身的属性"任期"。如果并入学校端,在学校实体增加校长实体的主码"学校代码"以及联系本身的属性"任期"。

校长关系:校长(职工号,姓名,年龄,学校代码,任期)。

学校关系:学校(学校代码,名称,地址,职工号,任期)。

方法 2:将主管联系转换为单独一个关系,该关系的属性由校长和学校的主码及本身的属性组成:

管理(职工号,学校代码,任期)

② 1∶n 联系的转换方法

在向关系模型转换时,实体间的 1∶n 联系可以有两种转换方法:

- 一种方法是将联系转换为一个独立的关系,其关系的属性由与该联系相连的各实体集的主码以及联系本身的属性组成,而该关系的主码为 n 端实体集的主码;
- 另一种方法是在 n 端实体集中增加新属性,新属性由联系对应的另一端实体集的主码和联系自身的属性构成,新增属性后原关系的主码不变。

【例 1-5】　将图 1-13 学生与班级为 $1:n$ 联系的 E-R 图转换为关系模型。

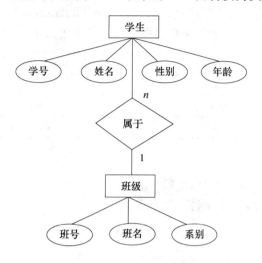

图 1-13　$1:n$ E-R 图

该转换有两种转换方案供选择。注意关系模式中标有下划线的属性为主码。

方法 1:$1:n$ 联系形成的管理关系独立存在。

管理关系的属性学号和班级分别是学生关系和班级关系的主键组成。

管理(学号,班级);

方法 2:将联系形成的关系与 n 端对象合并,增加一个新属性班号,就是 1 端的主关键字。这里的 n 端是学生。

学生(学号,姓名,性别,年龄,系别,班号);

③ $m:n$ 联系的转换方法

在向关系模型转换时,一个 $m:n$ 联系要单独建立一个关系模式,并且关系模式的属性分别由两个实体的主码组成。新关系的主码为两个相连实体主码的组合(该主码为多属性构成的组合主码)。

【例 1-6】　将图 1-14 学生与选课 $m:n$ 联系的 E-R 图转换为关系模型。

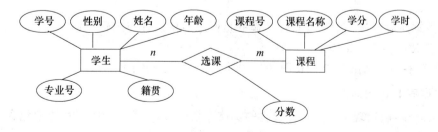

图 1-14　$m:n$ E-R 图

该例题转换的关系模型为独立的考试成绩关系,该关系的属性由学生关系和课程关系主码以及关系本身的属性组成:

考试成绩表(学号,课程号,分数)。

(3)关系合并规则

在关系模型中,具有相同主码的关系,可根据情况合并为一个关系。

1.3.3 关系数据库

以关系模型为基础建立的数据库就是关系数据库(Relational Database)。关系数据库由表、关系以及操作对象组成。每个关系数据库中包含若干个关系,一个关系对应一个表。

关系模型	关系数据库
关系	表
元组	记录
属性	字段

- 表是由行和列组成。
- 每一行称为一条记录,记录由字段组成。
- 每一列称为一个字段,由字符或数字等组成。

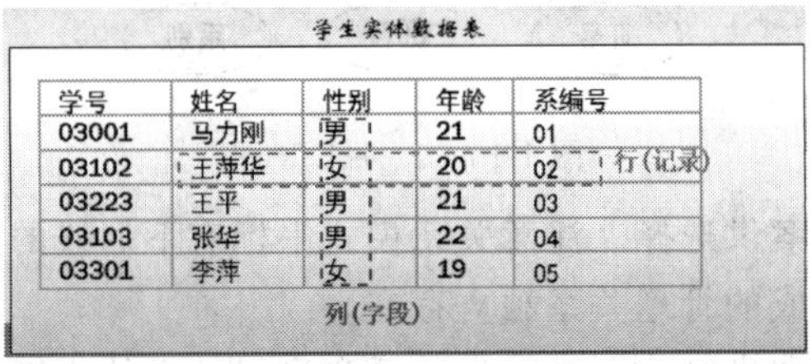

图 1-15 学生表图示

关系模型转换为关系数据库二维表,即把关系模型转换为二维表的形式。将关系名称转换成表名称,同时将关系属性转换成字段名。

如将学生关系模型转化为二维表。

关系模型:学生(学号,姓名,性别,年龄,系别,班级号)

二维表:Students

ID	Name	Gender	Age	Department	ClassID

实训任务:"学生管理"数据库的设计

真正数据库设计过程中需要重点掌握的是概念结构设计与逻辑结构设计,也就是 E-R 图的设计和 E-R 图转为关系模型(表结构)。

【实训例 1-1】 画出全局 E-R 图,完成"学生管理"数据库的设计任务。

1. 数据库 E-R 图的设计

(1)第一步:确定现实系统可能包含的实体。根据分析,可以判断出系统中包含主要的实体:学生、教师、课程和班级,如图 1-16 所示。

学生	教师	班级	课程	专业

图 1-16 学生选课包含的实体

（2）第二步：确定每个实体的属性，特别注意实体的键。由概念模型知道每个实体的属性，但是这里需要为每一个实体选择一个主码。根据每个实体中属性的含义，最终确定"学号"为学生的主码，"教师编号"为教师的主码，"课程编号"为课程的主码，"班号"为班级的主码，如图 1-17 所示。

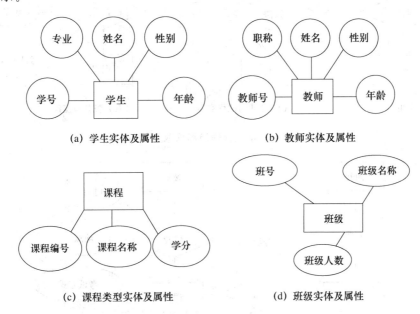

(a) 学生实体及属性　　　　(b) 教师实体及属性

(c) 课程类型实体及属性　　　　(d) 班级实体及属性

图 1-17　学生管理包含的实体及属性

（3）第三步：确定实体之间可能有的联系，并结合情况给每个联系命名：
- 学生和班级之间存在联系，可以归纳为"归属"联系；
- 学生和课程之间存在联系，可以归纳为"选课"联系；
- 教师和课程之间存在联系，可以归纳为"授课"联系。

（4）第四步：确定每个联系的种类和 $m:n$ 类型可能有的属性：
- 学生与把班级间的"归属"联系为 $1:n$ 联系；
- 学生与课程间的"选课"联系为 $m:n$ 联系。该联系包含有分数属性；
- 教师和课程间的"教授"联系为 $m:n$ 联系。该联系包含有"时间""地点"和"考试方式"三个属性。

（5）第五步：局部 E-R 图设计

根据前面几步的准备，就进入局部 E-R 设计阶段，即完成两个实体间 E-R 图设计，如图 1-18所示。

提示：因为实体的属性为固定属性，在需求分析中比较明显，所以在局部 E-R 图的设计过程中可以省略不画，使 E-R 图更加简单明了。

（6）E-R 图合并

分 E-R 图设计完成后，将相同的实体合并，形成最终的 E-R 图方案，如图 1-19 所示。

2. E-R 图转为关系模型

（1）第一步：将 E-R 图中所有的实体及联系转为单独的关系，并声明其类型，标注其属性。图 1-19 的 E-R 图可以转化为如表 1-1 所示的初级关系模型。

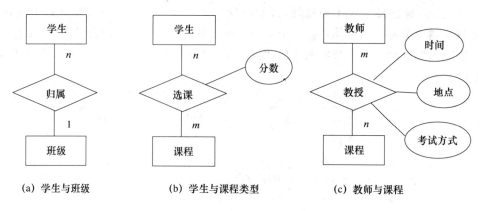

(a) 学生与班级　　　　　　(b) 学生与课程类型　　　　　　(c) 教师与课程

图 1-18　学生管理局部 E-R 图设计

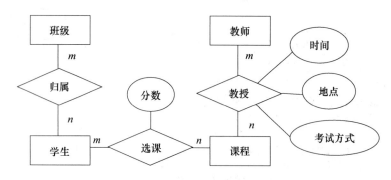

图 1-19　学生管理 E-R 图设计

表 1-1　初级关系模型

关系名称	关系类型	属性	说明
学生	实体	学号,姓名,性别,年龄,专业	
归属	1∶n 联系	学号,班号	学号做主码
教师	实体	教师号,姓名,性别,年龄,职称	
教授	m∶n 联系	教师号,课程编号,考试方式	
课程	实体	课程编号,课程名称,学分	
选课	m∶n 联系	学号,课程编号,成绩	学生端的主码做主码
班级	实体	班号,班级名称,班级人数	

（2）第二步:将初级关系模型中可以进行合并的关系进行合并。由表 1-1 所示的初级关系模型中可以看出,"归属"1∶n 联系可以合并到相应的 n 端关系中,而 m∶n 的"教授"联系则需要单独作为关系存在。合并后的关系模型如表 1-2 所示。

表 1-2　合并后关系模型

关系名称	关系类型	属性	说明
学生	实体	学号,姓名,性别,年龄,专业,(班号)	
归属	~~1∶n 联系~~	~~学号,班号~~	合并到 n 端的学生关系中
教师	实体	教师号,姓名,性别,年龄,职称	

关系名称	关系类型	属性	说明
教授	$m:n$ 联系	教师号,课程编号,考试方式	
课程	实体	课程编号,课程名称,学分	
选课	$m:n$ 联系	学号,课程编号,成绩	学生端的主码做主码
班级	实体	班号,班级名称,班级人数	

其中,合并掉的关系使用删除线标注,属性中括号内属性为合并进来的新属性。

(3)第三步:合并后的关系模型中通常存在一些冗余的关系和属性,需要通过优化将其删除。优化后关系模型如表 1-3 所示。

表 1-3　优化后关系模型

关系名称	关系类型	属性	说明
学生	实体	学号,姓名,性别,年龄,专业,班号	
教师	实体	教师号,姓名,性别,年龄,职称	
教授	$m:n$ 联系	教师号,课程编号,考试方式	
课程	实体	课程编号,课程名称,学分	
选课	$m:n$ 联系	学号,课程编号,成绩	学生端的主码做主码
班级	实体	班号,班级名称,班级人数	

最终的关系模型如表 1-4 所示。

表 1-4　学生管理关系模型

关系名称	属性
学生	学号,姓名,性别,年龄,专业,班号
教师	教师号,姓名,性别,年龄,职称
教授	教师号,课程编号,考试方式
课程	课程编号,课程名称,学分
选课	学号,课程编号,成绩
班级	班号,班级名称,班级人数

拓 展 练 习

1. 要求

(1)根据提供的数据信息完成某"图书管理"数据库的 E-R 图设计。

(2)将 E-R 图转化为关系模型,并通过合并与优化形成最终方案。

提示:

(1) E-R 图的设计要尽量合理美观。

(2)关系转化过程中要注意对联系及属性的处理。

2. 实践准备

某图书管理数据库的数据信息如下：

该图书管理流程主要由以下两个实体组成：

图书（图书编号，书名，类别，页数，定价，出版社，作者）。

读者（读者编号，读者姓名，读者类别，性别，工作单位，超期次数）。

同时，不同的类型的图书具有不同的特征，不同的读者也拥有不同的信息。

图书类别（类别编号，类别名称，说明）。

读者类别（读者类别编号，类别名称，可借数量，借阅天数上限）。

实体间联系：

图书和图书类别之间存在联系，每个类别包含很多图书，每个图书只属于一个类别。同理，每个读者只能隶属一个类别，每个类别则可以包含多个读者。

最后，图书和读者之间存在借阅联系，每个读者可以买借阅多种图书，每种图书也可以被多个读者借阅，同时需要记录借阅的时间和归还的时间。

本 章 小 结

本章主要介绍数据库的基本概念，数据库管理系统及数据库系统概念，数据模型概念及分类，E-R 图与概念模型，逻辑数据模型与关系数据模型等基本知识。

本 章 习 题

一、选择题

1. 数据库必须具有的特征（　　　）。

　　A. 长期保存在计算机内　　　　　　　B. 具有很高安全性

　　C. 有组织　　　　　　　　　　　　　D. 可共享

2. （　　　）不是数据库系统特点。

　　A. 数据库结构化　　　　　　　　　　B. 数据安全性

　　C. 数据共享　　　　　　　　　　　　D. 数据独立性

3. 在 E-R 图中（　　　）是用来代表实体。

　　A. 矩形　　　　　　B. 菱形　　　　　　C. 椭圆形　　　　　　D. 都不是

4. 在 E-R 图中（　　　）是用来代表属性。

　　A. 矩形　　　　　　B. 菱形　　　　　　C. 椭圆形　　　　　　D. 都不是

5. 必须单独转化为一个关系模式的联系类型是（　　　）。

　　A. $1:1$　　　　　　B. $1:n$　　　　　　C. $m:n$　　　　　　D. 没有必须的

二、填空题

1. 数据库管理系统功能包括_____、_____、_____、_____。

2. 数据库系统的特点包括_____、_____、_____、_____。

3. E-R 图转化时，关系可以转化到两端的联系类型是_____。

4. _____是位于用户与操作系统之间的数据管理软件，它属于系统软件，为用户或应用程序提供访问数据库的方法。

5. SQL Server 数据库属于_____型数据库。

三、判断题

1. 信息和数据从根本上是指同样的东西，只不过一个是人脑中的印象，一个是通过物理符号表现出来了。　　　　　　　　　　　　　　　　　　　　　（　　）

2. 1∶n 的联系在转换的过程中只能向 n 段合并。　　　　　　　　　　（　　）

3. 数据库设计过程中，一些联系合并后，重复的属性是可以删除掉的。　（　　）

4. E-R 图中的每种图形都有自己的含义，不能随意更换。　　　　　　（　　）

第2章　SQL Server 2016 安装与配置

本章解决问题

"工欲善其事,必先利其器",学习和使用数据库,必须先搭建数据库运行环境。数据库运行环境是一个综合的系统环境,数据库环境包括操作系统环境,最重要的是数据库管理系统。本章将要解决的是如何搭建 SQL Server 2016 环境,包括安装准备、服务配置以及管理数据库的安全认证问题。

本章导航

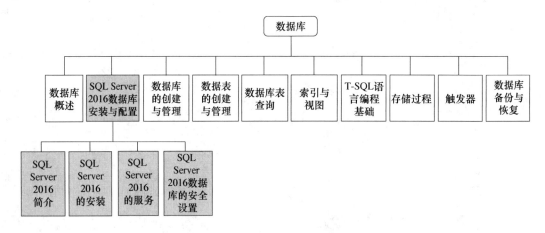

知识目标

➢ 了解 SQL Server 2016 数据库系统环境要求。
➢ 掌握 SQL Server 2016 数据库系统主要组件。
➢ 掌握 SQL Server 2016 数据库系统主要服务。

能力目标

➢ 掌握 SQL Server 2016 数据库系统安装过程。
➢ 掌握 SQL Server 2016 数据库系统服务启动方法。
➢ 掌握 SQL Server 2016 数据库系统用户配置与登录方式。
➢ 掌握 SQL Server 管理器(SSMS)的功能与使用。

2.1　SQL Server 2016 简介

SQL Server 数据库是微软公司开发的数据库管理系统,在 1995 年至 2016 年间,SQL Server 数据库不断发展和完善,各种数据处理新技术不断开发,至 2016 年,微软公司推出了 SQL Server 2016 版本最新数据库系统。

SQL Server 2016 是微软公司全力打造的新型关系型数据库,能满足企业全方位需求的完整的数据平台。SQL Server 2016 有许多新特性。其支持事务/分析混合处理、高级分析和机器学习、移动 BI、数据整合,提供了始终加密的查询流程,此外还有常驻内存计算的事务处理。下面是 SQL Server 2016 的主要新功能和特点。

(1) 对数据的全程加密技术(Always Encrypted),最大限度保护用户数据的安全。SQL Server 2016 将通过新的全程加密技术让加密工作变得更加简单,确保数据库敏感列中的未加密数值被显示。

(2) 动态数据屏蔽(Dynamic Data Masking):动态数据屏蔽是 SQL Server 2016 引入的一项新的特性,通过数据屏蔽,可以对非授权用户限制敏感数据的曝光。动态数据屏蔽会在查询结果集里隐藏指定栏位的敏感数据,而数据库中的实际数据并没有任何变化。

(3) JSON 支持:JSON 就是 Java Script Object Notation(轻量级数据交换格式)。在 SQL Server 2016 中,应用和 SQL Server 数据库引擎之间可以实现用 JSON 格式交互。

(4) Row Level Security(层级安全性控管):让客户基于用户特征控制数据访问,功能已内置至数据中,无须再修改应用。在使用层级安全性控制时,用户无法看到他们没有权限访问的行。

(5) PolyBase:更简单高效的管理关系型和非关系型的 T-SQL 数据。

(6) 数据历史记录查询,以便 DBA 可精确定位。

2.2　SQL Server 2016 的安装

2.2.1　SQL Server 2016 安装必备

1. 对硬件环境要求(表 2-1)

表 2-1　硬件环境要求

名称	最低要求	建议
硬盘空间	要求最少 6 GB 的可用硬盘空间	
内存	不低于 1 GB	建议 4 GB 以上
处理器类型	x64 处理器:AMD Opteron、AMD Athlon 64、支持 Intel EM64T 的 Intel Xeon、支持 EM64T 的 Intel Pentium IV	
处理器频率	1.4 GHz 以上	建议 2.0 GB 以上
显示器	分辨率 Super-VGA(800×600)	建议 1024×768

2. 其他组件(表2-2)

表 2-2 其他组件

名称	最低要求	建议
.NET Framework	SQL Server 2016 RC1 和更高版本需要. NET Framework 4.6 才能运行数据库引擎、Master Data Services 或复制。SQL Server 2016 安装程序会自动安装. NET Framework。在安装. NET Framework 4.6 之前,Windows 8.1 和 Windows Server 2012 R2 需要 KB2919355	
SQL Server Native Client	独立访问数据库的一组应用程序编程接口(API)	
网络软件	SQL Server 支持的操作系统具有内置网络软件。独立安装的命名实例和默认实例支持以下网络协议:共享内存、命名管道、TCP/IP 和 VIA	

2.2.2 SQL Server 2016 的组成结构

1. SQL Server 2016 服务器组件

SQL Server 2016 服务器组件包括:数据库引擎(Database Engine,是 SQL Server 数据库的主要组件)、分析服务(Analysis Services)、集成服务(Integration Services)、报表服务(Reporting Services)以及主数据服务(Master Data Services)组件等,如表 2-3 所示。

表 2-3 SQL Server 2016 服务器中的组件及描述

服务器组件	描述
SQL Server 数据库引擎(DE)	SQL Server 数据库引擎包括:数据库引擎、部分工具和 Data Quality Services(DQS)服务器,其中引擎是用于存储、处理和保护数据、复制及全文搜索的核心服务,工具用于管理数据库分析集成中和可访问 Hadoop 及其他异类数据源的 Polybase 集成中的关系数据和 XML 数据
分析服务 AS	Analysis Services 包括一些工具,可用于创建和管理联机分析处理(OLAP)以及数据挖掘应用程序
报表服务 RS	Reporting Services 包括用于创建、管理和部署表格报表、矩阵报表、图形报表以及自由格式报表的服务器和客户端组件。Reporting Services 还是一个可用于开发报表应用程序的可扩展平台
集成服务 IS	Integration Services 是一组图形工具和可编程对象,用于移动、复制和转换数据。它还包括 Data Quality Services 的 Integration Services(DQS)组件
主数据服务 MDS	Master Data Services(MDS)是针对主数据管理的 SQL Server 解决方案。可以配置 MDS 来管理任何领域(产品、客户、账户);MDS 中可包括层次结构、各种级别的安全性、事务、数据版本控制和业务规则,以及可用于管理数据的用于 Excel 的外接程序
R Services (数据库中)	R Services(数据库中)支持在多个平台上使用可缩放的分布式 R 解决方案,并支持使用多个企业数据源(如 Linux、Hadoop 和 Teradata 等)

2. SQL Server 2016 服务器管理工具

SQL Server 2016 服务器管理工具如表 2-4 所示,其中 SQL Server Management Studio (SSMS)管理器是很重要的一个管理工具,在 SQL Server 2016 的安装过程中,需要单独安装。

表 2-4　SQL Server 2016 数据库的管理工具

管理工具	描述
SQL Server Management Studio(SSMS)	SQL Server Management Studio 是用于访问、配置、管理和开发 SQL Server 组件的集成环境。Management Studio 使各种技术水平的开发人员和管理员都能使用 SQL Server。在 2016 版本中与数据库引擎的安装时分别安装的,选择下载 SQL Server Management Studio 并安装 Management Studio
SQL Server 配置管理器	SQL Server 配置管理器为 SQL Server 服务、服务器协议、客户端协议和客户端别名提供基本配置管理
SQL Server 事件探查器	SQL Server 事件探查器 提供了一个图形用户界面,用于监视数据库引擎实例或 Analysis Services 实例
数据库引擎优化顾问	数据库引擎优化顾问可以协助创建索引、索引视图和分区的最佳组合
数据质量客户端	提供了一个非常简单和直观的图形用户界面,用于连接到 DQS 数据库并执行数据清理操作。它还允许用户集中监视在数据清理操作过程中执行的各项活动
SQL Server Data Tools	SQL Server Data Tools 提供 IDE 以便为以下商业智能组件生成解决方案:Analysis Services、Reporting Services 和 Integration Services。(以前称作 Business Intelligence Development Studio) SQL Server Data Tools 还包含"数据库项目",为数据库开发人员提供集成环境,以便在 Visual Studio 内为任何 SQL Server 平台(包括本地和外部)执行其所有数据库设计工作。数据库开发人员可以使用 Visual Studio 中功能增强的服务器资源管理器,轻松创建或编辑数据库对象和数据或执行查询
连接组件	安装用于客户端和服务器之间通信的组件,以及用于 DB-Library、ODBC 和 OLE DB 的网络库

2.2.3　SQL Server 2016 安装过程

(1) 准备好 SQL Server 2016 安装程序,找到 setup. exe 安装程序,进入安装过程。

(2) 安装中心页面:可以看到一些说明文档,如硬件和软件要求等,在左边的安装中心栏下选择"安装",如图 2-1 所示。

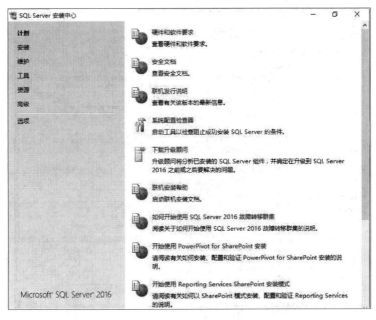

图 2-1　开始安装页面

（3）在安装页面选项右侧，有许多安装选择，选择"全新 SQL Server 独立安装或向现有安装添加功能"选项，如图 2-2 所示。

注意：SQL Server 2016 的安装分成了两个步骤：安装 SQL Server 引擎和安装 SQL Server 管理工具（SSMS）。

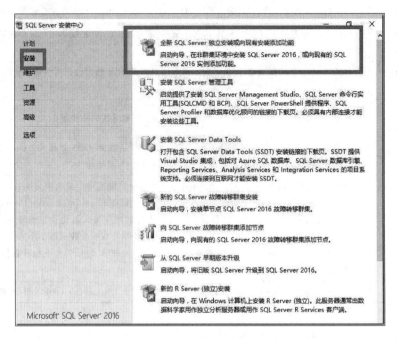

图 2-2　安装选择页面

（4）安装开始，进入"产品密钥"页面。在这里输入产品密钥，如果是试用安装，可以选择指定可用版本选项。单击"下一步"按钮，进入许可条款页，选择"接受许可条款"，继续安装，如图 2-3 所示。

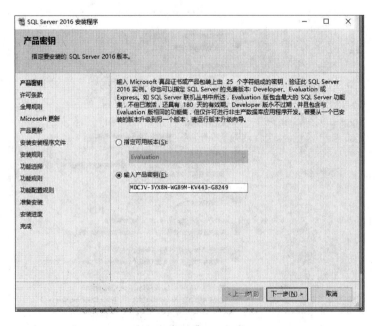

图 2-3　产品密钥页面

（5）随后进入全局规则检查项，这里可能要花费几秒，视具体情况而定。通过全局规则检查后，进入 Microsoft 更新页，推荐勾选检查更新。当完成更新后，可以选择更新软件，如图 2-4 所示。

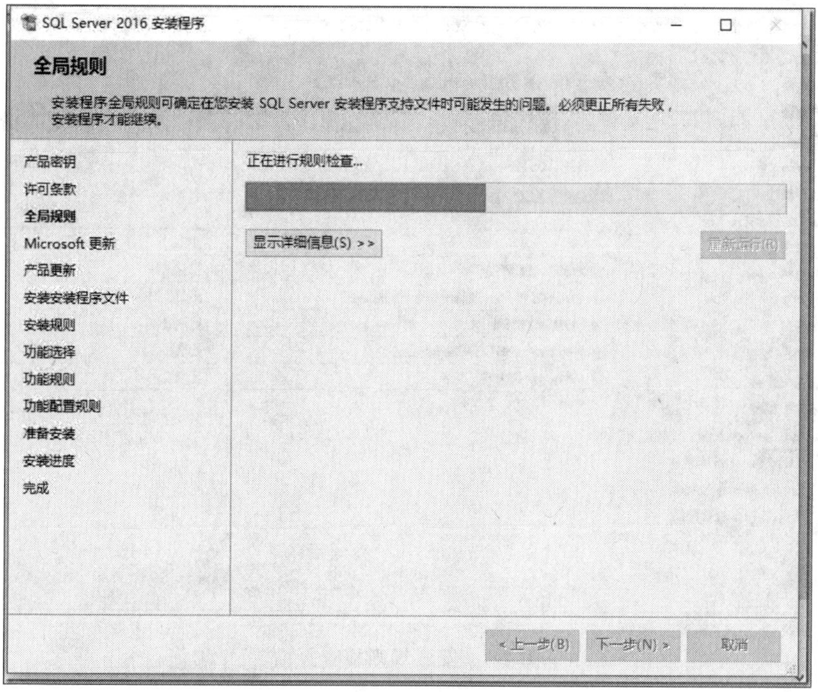

图 2-4　规则检查页面

（6）开始安装程序文件，这一步主要是从网上下载相应的安装程序文件，如图 2-5 所示。

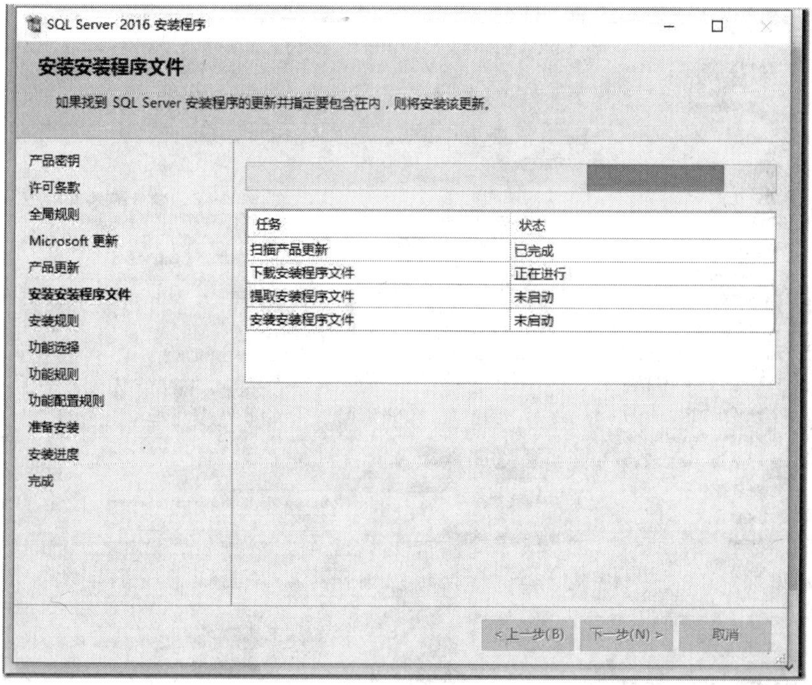

图 2-5　安装程序下载页面

（7）安装规则检查。在进行安装规则检查时，建议关闭防火墙，如图 2-6 所示。

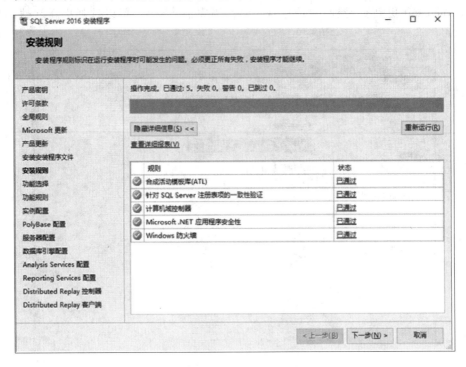

图 2-6　安装规则检查页面

（8）规则检查完成进入"功能选择"页面，选择需要安装的功能和安装实例的目录。在功能选择页面上，可以选择需要的功能组件，推荐全选，如图 2-7 所示。

注意：这里如果选择安装 Polybase ，需要事先安装 Orcale JRE7 或者以上版本。

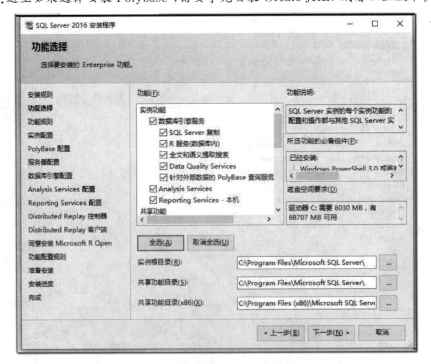

图 2-7　选择需要安装的功能页面

（9）实例配置，使用默认即可（如果之前安装过，就只能重新建立一个新的实例，这里需要特别注意），如图 2-8 所示。

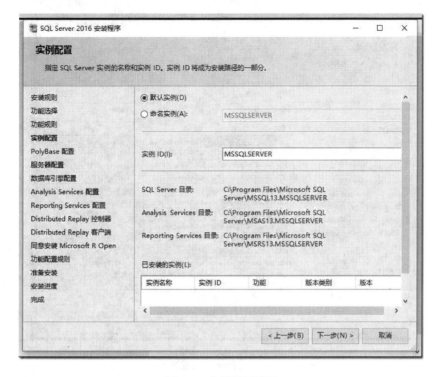

图 2-8　实例配置页面

（10）PolyBase 配置选择——默认即可。注意，这里如果选择安装 PolyBase ，需要安装 Orcale JRE7 或者以上版本，如图 2-9 所示。

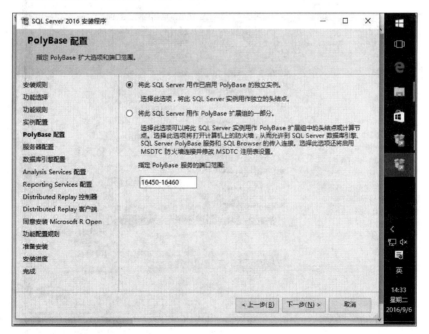

图 2-9　PolyBase 选择页面

（11）服务器配置——默认即可。服务器配置会安装用户选择 SQL Server 数据库管理系统的各种组件,如图 2-10 所示。

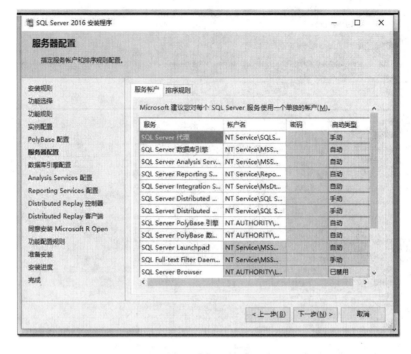

图 2-10　服务器配置页面

（12）数据库引擎配置,数据库引擎是数据库的核心组件,可以设置身份认证模式、数据库管理员密码等项,建议使用混合模式,请一定记住设置的管理员密码,如图 2-11 所示。

图 2-11　数据库引擎配置页面

（13）Analysis Service 配置——推荐使用默认，配置过程需要添加用户，如图 2-12 所示。

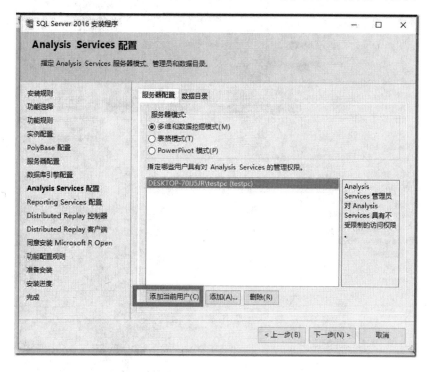

图 2-12　Analysis Service 配置页面

（14）Reporting Services 配置——推荐使用默认，如图 2-13 所示。

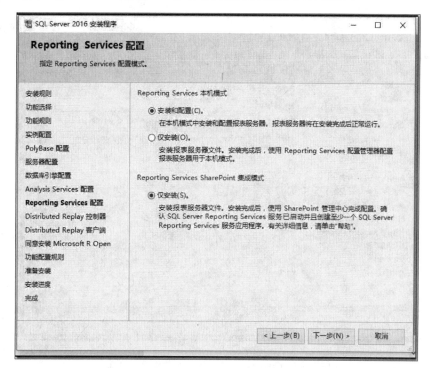

图 2-13　Reporting Services 配置页面

（15）Distributed Replay 控制器配置——推荐使用默认（添加当前用户），如图 2-14 所示。

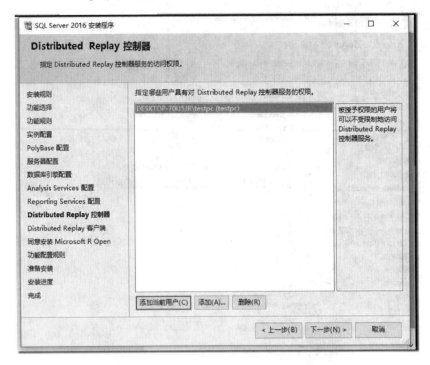

图 2-14　Distributed Replay 控制器配置页面

（16）Distributed Replay 客户端配置——推荐使用默认，如图 2-15 所示。

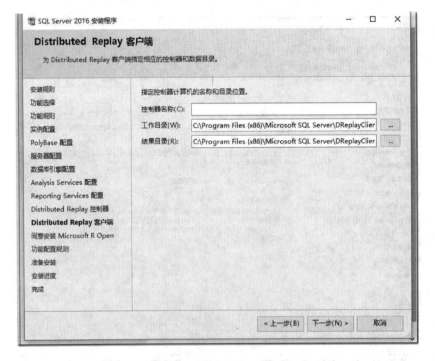

图 2-15　Distributed Replay 客户端配置页面

（17）Microsoft R Open 协议授权，接受协议，如图 2-16 所示。

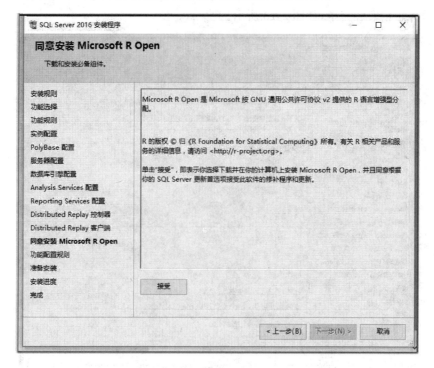

图 2-16　安装 R Open 协议页面

（18）最后安装确认页面，会显示所有的安装配置信息，如图 2-17 所示。

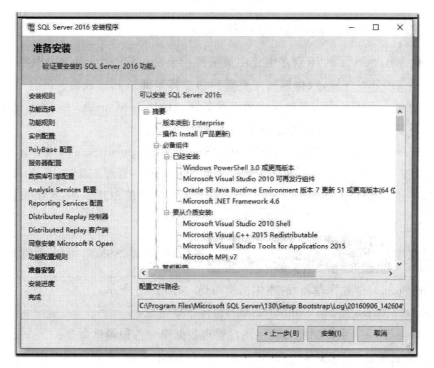

图 2-17　准备正式安装界面

（19）等待安装进度——这一步会消耗比较长的时间。

（20）服务正常安装完毕，如图 2-18 所示。

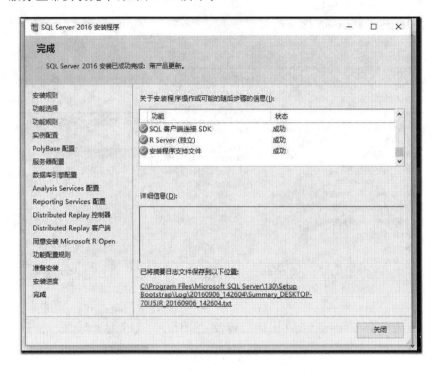

图 2-18　安装完成界面

2.2.4　SQL Server Management Studio 简介

SSMS 是 SQL Server 2016 众多组建中最重要和最常用的一个，用于数据库管理的图形工具和功能丰富的开发环境，数据库的主要管理功能都是通过其完成的。通过 Management Studio，可以在同一个工具中访问和管理数据库引擎、Analysis Manager 和 SQL 查询分析器，并且能够编写 Transact-SQL、MDX、XMLA 和 XML 语句。

SQL Server 2016 在默认情况下不安装 SQL Server Management Studio，当 SQL Server 2016 数据库系统安装完成后，需要在安装界面选择"安装 SQL Server 管理工具"选项，如图 2-19 所示。

当 SQL Server 管理工具软件安装完成后，计算机上将出现 SQL Server Management Studio 图标。

当通过双击 Microsoft SQL Server Manag... 图标后，启动 SSMS，可以看到 SQL Server Management Studio（企业管理器）的整体结构布局，如图 2-20 所示。

SQL Server Management Studio（SSMS）窗体主要组成：

（1）工具与菜单栏：主要功能是提供用户管理数据库和各种调试命令。

（2）"对象资源管理器"窗体。在 SQL Server Management Studio 窗体中，位于左侧的窗体就是"对象资源管理器"窗体，系统使用它连接数据库引擎实例、Analysis Services、Integration Services、Reporting Services 和 SQL Server Mobile。它提供了服务器中所有数据库对象的树视图,并具有可用于管理这些对象的用户窗体。用户可以使用该窗体可视化地操作数据库,如创建各种数据库对象、查询数据、设置系统安全、备份与恢复数据等。

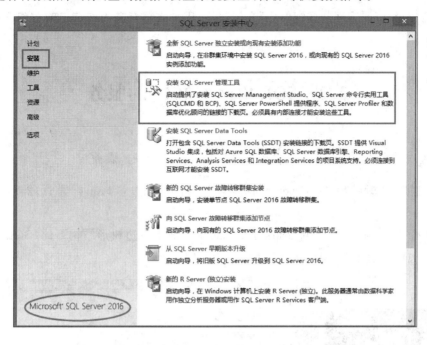

图 2-19　安装 SQL Server 管理工具选择页

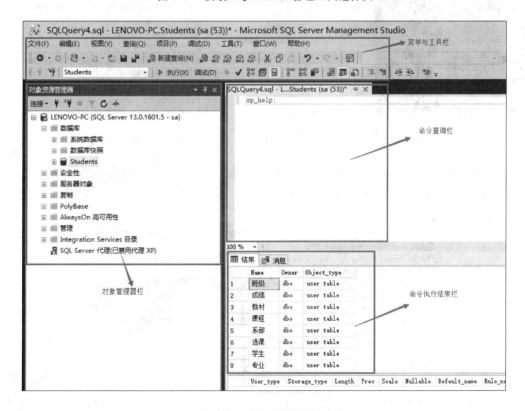

图 2-20　SSMS 管理界面

（3）"对象资源管理器详细信息"文档窗体。位于整个窗体的右边,文档窗体是 Management Studio 窗体中的最大部分,它可以是"查询编辑器"窗体,也可以是"浏览器"窗体。在默认情况下是"对象资源管理器详细信息"文档窗体,用来显示有关当前选中的对象资源管理器结点的信息。

2.3 SQL Server 2016 的服务

2.3.1 通过 SQL Server 配置管理器启动 SQL Server 服务

（1）在程序中找到 SQL Server 配置管理器,打开 SQL Server 配置管理器,如图 2-21 所示。

（2）选择 SQL Server Configuration Manager 界面中左边树形结构下的"SQL Server 服务",这时右边将显示 SQL Server 中的服务,如图 2-22 所示。

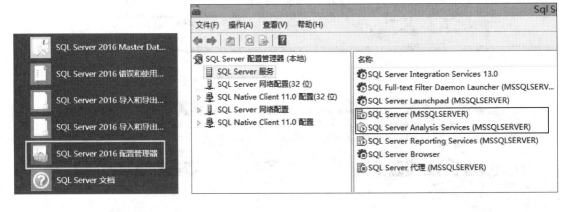

图 2-21　配置管理器　　　　　图 2-22　SQL Server Configuration Manager 页面

（3）在 SQL Server Configuration Manager 管理工具右边列出的 SQL Server 服务中选择需要启动的服务,单击鼠标右键,在弹出的快捷菜单中选择"启动"命令,启动所选中的服务,如图 2-23、图 2-24 所示。

图 2-23　服务选择页面

图 2-24　服务启动页面

2.3.2　后台启动 SQL Server 服务

（1）在计算机桌面上，选择"这台电脑"（或此电脑）图标，如图 2-25 所示。

（2）右键单击，选择管理，如图 2-26 所示。

图 2-25　桌面视图

图 2-26　右键单击后弹出菜单

（3）进入计算机管理界面，选择"服务和应用程序"，如图 2-27 所示。

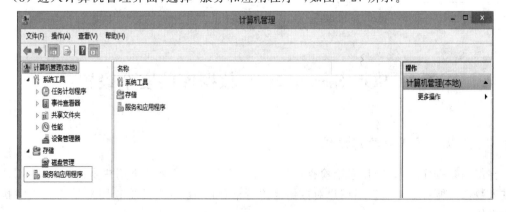

图 2-27　服务和应用程序选择页面

（4）选择"服务"选项,如图 2-28 所示。

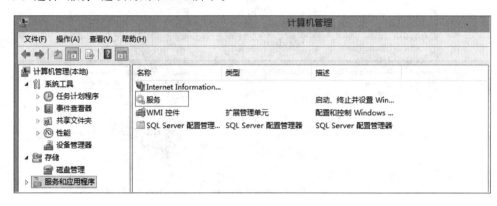

图 2-28 服务设置页面

（5）找到 SQL Server 相关的服务,选择 SQL Server(MSSQLSERVER),右击选择启动。启动成功即可,如图 2-29 所示。

图 2-29 服务列表页面

2.4 SQL Server 2016 数据库的安全设置

2.4.1 更改登录用户验证方式

在使用数据库时,系统将采用检查用户名称和密码等手段来检查用户身份,合法的用户才能进入数据库服务器系统。当用户对数据库执行操作时,系统自动检查用户是否有权限执行这些操作。

要连接数据库,需要进行正确的用户验证,验证是提供安全访问数据库对象的必要的第一步。SQL Server 数据库支持两种验证方式:Windows 身份验证和 SQL Server 身份验证。

(1) Windows 身份验证模式

只能使用 Windows 用户身份验证,使用这种方式验证 SQL Server 检测当前使用的 Windows NT 用户账户,并在 syslogins 表中查找该账户,以确定该账户是否有权限登录。在这种方式下,用户不必提供密码或登录名让 SQL Server 验证。

(2) SQL Server 和 Windows 身份验证模式

混合认证模式允许用户使用 Windows 操作系统安全性或 SQL Server 安全性连接到 SQL Server,这就意味着用户可以使用他的账号登录到 Windows 系统,或者使用他的登录名登录到 SQL Server 系统。

当安装数据库系统的时候,一般是选择混合模式,但是用户可以根据需求修改登录模式。

① 开 SQL Server Management Studio(SSMS),在对象资源管理器中右键单击服务器实例名称,然后从弹出的菜单中选择"属性",然后转到安全性页面,如图 2-30 所示。

② 在安全性通过选择服务器身份验证选项来更改身份验证模式,然后单击"确定"按钮提交更改,如图 2-31 所示。

注意:修改后要重新启动 SQL Server 数据库,改变才能生效。

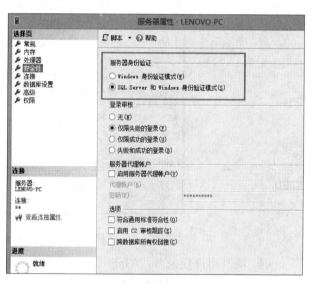

图 2-30　SQL Server 服务器实例属性选择页面　　　　图 2-31　配置 SQL Server 实例的验证模式

2.4.2　创建与删除登录账户

在 SQL Server 中,用户要登录到数据库服务器需通过使用登录账号。每个登录账号的定义存放在 master 数据库 syslogins 表中。创建和删除登录账号的方式可以使用 SQL Server 管理器设置。

注意:登录名本身并不能让用户访问服务器中的数据库资源。

(1) 打开 SSMS,在对这种形式的身份验证依赖于 SQL Server 数据库安装时的管理账号及密码,如图 2-32 所示。

(2) 右键单击登录名结点,从弹出菜单选择新建登录名,打开登录名—新建对话框,如图 2-33 所示。

图 2-32　对象资源管理器下的安全性　　　　图 2-33　新建登录名页面

（3）输入登录名并选择身份验证选项，如图 2-34 所示。

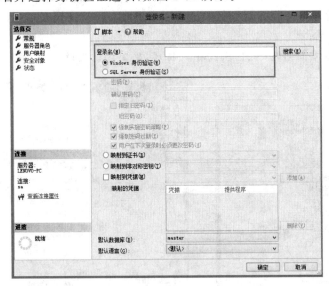

图 2-34　登录名验证方式设置

（4）填写用户登录名，Windows 登录名有两种选择方式。第一种方式是直接输入域或计算机名称，然后一个反斜杠和 Windows 登录名。第二种方法是单击"搜索"按钮打开"选择用户或组"对话框中，如图 2-35 所示。

图 2-35　Windows 用户选择方式

　　输入用户名,然后单击"检查名称"按钮以找到确切的名称,或者通过高级选项找到用户,如果用户被发现,将出现在该框中,假设将 Students 设置为默认数据库如图 2-36 所示。单击"确定"按钮选择该用户。

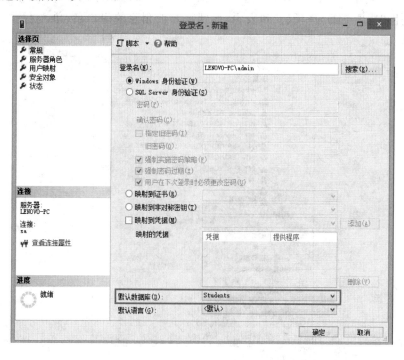

图 2-36　登录用户映射的数据库选择页面

　　如果要创建一个 SQL Server 登录名,使用与 Windows 登录名相同的对话框,登录名-新建。输入登录名(没有域名或机器名),并提供密码。图 2-37 显示了如何创建一个新的 SQL Server 登录名 Jack,并将 Students 设置为默认数据库。

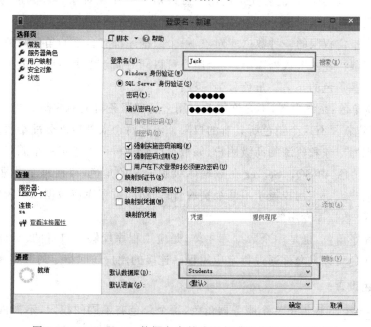

图 2-37　SQL Server 数据库身份验证方式登录用户设置页面

注意：在建立用户登录账号信息时，可以选择默认数据库，以后每次连接上服务器后，系统都会自动转到默认的数据库上。

（5）删除登录用户，当一个用户没有存在的必要时，可以删除此用户，在对象资源管理器下展开"安全性"选项下的"登录名"列表中，找到需要被删除的用户名，单击右键，在弹出的菜单中选择删除即可。

图 2-38　删除登录用户页面

2.4.3　设置服务器角色与权限

当用户登录到数据库后，需要决定此用户可以对数据库及对象和资源进行哪些操作？可以通过设置角色和权限来实现。

角色是用来指定权限的一种数据库对象，每个数据库都有自己的角色对象，可以为每个角色设置不同的权限。在一个数据库中，一个用户可以同时属于多个角色的成员，那么对数据库的操作权限是这些角色的并集。角色分为三种：

（1）服务器角色：系统内置，不允许修改。用来管理服务器上的权限。当某个用户属于某个角色时，此用户就具有这个角色所具有的权限。不是每个人都应该分配给服务器的角色，只有需要管理数据库对象和资源的高级用户，如数据库管理员可以指定一个服务器角色。

（2）数据库角色：由 SQL Server 在数据库级别定义的角色，存在每个数据库中。数据库角色能为某一用户或一组用户授予不同级别的管理、访问数据库或数据库对象的权限，这些权限是 SQL Server 数据库专用的。

（3）应用程序角色：也是一个数据库主体，是应用程序能够用自身的、类似用户的特权运行。应用程序角色可以只允许通过特定应用程序连接的用户访问特定的数据库。

服务器角色设置

SQL Server 2016 提供了 9 个服务器角色，每个角色有不同的权限，不能修改。在对象资源管理器下展开"安全性"选项下的服务器角色，如图 2-39 所示。

图 2-39　服务器角色列表

SQL Server 数据库系统服务器角色与权限，如表 2-5 所示。

表 2-5　SQL Server 数据库系统服务器角色与权限

服务器角色	权限描述
sysadmin	可以在 SQL Server 中执行任何活动
serveradmin	可以设置服务器范围的配置选项和关闭服务器
setupadmin	可以添加和使用 Transact-SQL 语句删除链接的服务器（使用 SQL Server 管理套件，当系统管理员成员需要）
securityadmin	可以管理登录及其属性。他们可以管理 GRANT，DENY 和 REVOKE 服务器级别的权限。他们还可以管理 GRANT，DENY 和 REVOKE 数据库级别的权限，如果他们有机会获得一个数据库。他们还可以重置 SQL Server 登录密码
processadmin	可以结束了在 SQL Server 实例中运行的进程
dbcreator	可以创建，修改，删除，并恢复所有数据库
diskadmin	可以管理磁盘文件
bulkadmin	可以执行 BULK INSERT 语句
public	每一个 SQL Server 登录属于公共服务器角色。当一个服务器主体没有被授予或拒绝对受保护对象的特定权限，用户继承对象授予 public 权限。只有当你想提供给所有用户对象上的任何对象分配公共权限。不能改变的成员在公共权限

当建立一个用户后，用户会自动具有 public 角色，如果需要赋予其他角色，在 SSMS 中，找到“安全性”下的“登录名”，选择需要赋予权限的用户，如 Jack，单击右键，选择“属性”选项，如图 2-40 所示。

设置步骤如下：

（1）在弹出的登录属性页面左边栏，选择“服务器角色”，在右边选项中勾选需要的角色，完成后单击“确定”按钮完成设置，如图 2-41 所示。

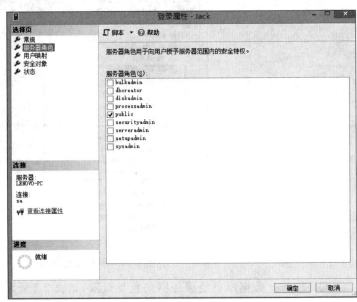

图 2-40　登录用户属性查看页面　　　　　　图 2-41　登录用户服务器角色设置页面

　　（2）数据库角色设置：在对象资源管理器下展开具体的数据库，如 Students 数据库，展开"安全性"选项下的数据库角色，可以看到具体数据库的角色，如图 2-42 所示。

图 2-42　数据库角色表

SQL Server 数据库系统数据库角色与权限,如表 2-6 所示。

表 2-6　SQL Server 数据库系统数据库角色与权限

数据库角色	权限描述
db_accessadmin	该角色的成员可以为 Windows 登录账户、Windows 组合 SQL Server 登录账户添加或删除访问权限
db_backoperator	该角色的成员可以备份该数据库
db_datareader	该角色的成员可以读取所有用户表中的数据
db_datawriter	该角色的成员可以读取所有用户表中的数据
db_ddladmin	该角色的成员可以在数据库中运行任何数据定义语言(DLL)
db_denydatareade	该角色成员不能读取数据库内用户表中的任何数据
db_denydatawriter	该角色的成员不能在数据库内添加、更改或删除任何用户表中的任何数据
db_owner	该角色的成员可以执行数据库中所有配置和维护活动
db_securityadmin	该角色成员可以修改角色成员身份和管理权限

(3) 在"安全性"选项下,右键单击"用户",在弹出菜单中选择"新建用户",如图 2-43 所示。

查找与选择已有用户界面,如图 2-44 所示。

图 2-43　用户安全性设置
　　　　用户新建页面

图 2-44　查找与选择已有用户界面

为用户设置数据库用户设置身份,即通过设置数据库角色的成员身份获得相应的权限,如图 2-45 所示。

图 2-45　为用户赋予数据库角色选择页面

2.4.4　密码策略

在连接数据库进行身份验证过程中，有 Windows 用户身份和 SQL Server 数据库用户身份，建议尽量使用 Windows 用户身份验证。

当使用 SQL Server 用户身份验证的用户名和密码都是存储在 SQL Server 中。必须为所有的 SQL Server 用户设置密码。SQL Server 提供的密码策略有三种，如图 2-46 所示。

图 2-46　密码策略选择界面

（1）用户在下次登录时必须更改密码。

要求用户在下次连接时更改密码，更改密码的功能由 SQL Server Management Studio（SSMS）提供。

（2）强制密码过期。

对 SQL Server 登录名强制实施计算机密码使用期限策略。

（3）强制实施密码策略。

对 SQL Server 登录名强制实施计算机的 Windows 密码策略，包括密码长度和密码复杂性。

拓 展 练 习

1. 掌握启动、停止等管理 SQL Server 服务的方法。

2. 运行 SQL Server 2016 的 SSMS，完成 SQL Server 2016 的登录，并进入 SSMS 中，熟悉其各个组成部分。

本 章 小 结

本章主要讲述了 SQL Server 2016 数据库管理系统的安装，包括安装前准备、安装步骤及安装过程。同时也介绍了 SQL Server 2016 数据库的服务组件和管理工具，特别要掌握 SQL Server Management Studio 管理工具的使用。

本 章 习 题

一、选择题

1. 下列服务中，（　　　）服务是最基本的服务。

　　A. SQL Server 引擎　　　　　　　　B. SQL Server Analysis Services

　　C. SQL Server 代理　　　　　　　　D. SQL Server Reporting Services

2. SQL Server 2016 的操作管理工具是（　　　）。

　　A. 查询分析器　　　　　　　　　　B. 备份数据

　　C. SQL Server Management Studio　　D. 配置管理器

3. 在 SQL SERVER 所提供的服务中，（　　　）是最核心的部分。

　　A. MSSQL Server　　　　　　　　　B. SQL Server Agent

　　C. MS DTC　　　　　　　　　　　　D. SQL XML

4. SQL Server 2016 采用的身份验证模式有（　　　）。

　　A. 仅 Windows 身份验证模式　　　　B. 仅 SQL Server 身份验证模式

　　C. 仅混合模式　　　　　　　　　　D. Windows 身份验证模式和混合模式

二、填空题

1. 启动 SQL Server 2016 服务的方式有 SQL Server _____ 管理器中启动和 _____。

2. SQL Server 2016 中最重要的管理工具就是_____，它是一个集成环境,用于访问、配置、管理和开发 SQL Server 的组件。

3. 用户登录过程中,_____登录方式不需要输入用户名和密码。

4. 在 SSMS 中_____窗体用来显示数据库对象的树状结构视图。

5. 在 SSMS 中_____窗体用来编写和执行 SQL 语句。

三、判断题

1. 当使用 SQL Server 用户登录到 SQL Server 2016 的时候,用户需要提供相应的账号和密码。　　　　　　　　　　　　　　　　　　　　　　　　　　（　　）

2. SQL Server 2016 是目前唯一主流的数据库管理系统。　　　　　　（　　）

3. 每一个服务器必须属于一个服务器组。一个服务器组可以包含 0 个、一个或多个服务器。　　　　　　　　　　　　　　　　　　　　　　　　　　　　　　（　　）

4. 认证模式是在安装 SQL Server 过程中选择的。系统安装之后,就不可以重新修改 SQL Server 系统的认证模式。　　　　　　　　　　　　　　　　　　　　（　　）

第 3 章 数据库的创建与管理

本章将解决如何建立与管理数据库。在这个过程中,可以很明白地理解数据库的文件存储方式以及数据库包含的主要对象。同时学习完本章后,要求建立一个 Students 数据库以及设置其数据库参数供使用。并使用 SSMS 和 T-SQL 命令创建数据库,修改数据库,删除数据库。

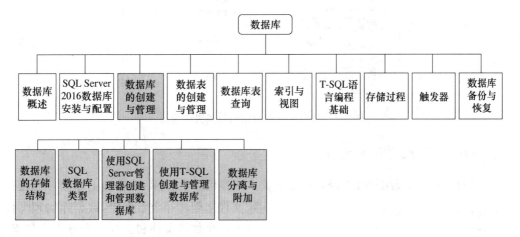

> 了解 SQL Server 数据库管理系统中数据库相关概念。
> 掌握数据库各参数的含义。
> 掌握数据库基本的管理方式。

> 数据库管理过程中参数的设置使用方法。
> 掌握使用 SSMS 工具和 T-SQL 命令创建与管理数据库。
> 掌握数据库分离与附加的方法。

3.1 数据库的存储结构

数据库(DataBase,DB)是存储数据的容器(仓库)。数据库中存储的数据是以一定的结构和方式存储在数据库中,不同结构存储的数据形成不同的数据库对象。

数据库在存储结构上分为物理存储结构和逻辑存储结构。

(1)数据库的物理存储结构表现为是操作系统文件,即在物理上,一个数据库由一个或多个磁盘上的文件或文件组组成。这种物理表现只对数据库管理员是可见的,而对用户是透明的。

(2)逻辑上,一个数据库由若干个用户可视的组件构成,如表、视图、角色等,这些组件称为数据库对象。用户利用这些逻辑数据库的数据库对象存储或读取数据库中的数据,在不同应用程序中也直接或间接地利用这些对象完成存储、操作和检索等工作。逻辑数据库的数据库对象可以从企业管理器中查看。图3-1是数据库Students的物理结构与逻辑结构图。

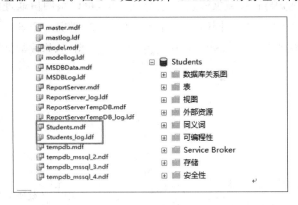

图3-1　数据库的物理结构与逻辑结构图

3.1.1　数据库物理文件及文件组

每个SQL Server数据库(无论是系统数据库还是用户数据库)在物理上使用一组操作系统文件来创建一个数据库,数据库物理文件至少由一个数据文件和至少一个日志文件组成,SQL Server数据库中的所有数据和对象都存储在这些文件中,一个数据库可以存放在一个或多个文件中。数据库物理文件图,如图3-2所示。

图3-2　数据库物理文件图

1. 文件

数据库物理文件主要包括三类:

(1)主数据文件(扩展名为.mdf):每个数据库都有且只有一个主要数据文件,该文件包含数据库的启动信息等,还包含一些系统表,这些表记载数据库对象及其他文件的位置信息并用于存储数据。

(2)次数据文件(扩展名为.ndf):这些文件包含除主要数据文件外的所有数据文件。如果主数据文件可以包含数据库中的所有数据,那么该数据库就不需要次数据文件。而有些数据库则可能会足够大,因此需要有多个次数据文件。

(3)事务日志文件(扩展名为.ldf):这些文件包含用于恢复数据库的日志信息,保证数据库操作的一致性和完整性。每个数据库都必须至少有一个日志文件。

2. 文件组

文件组就是文件的集合,文件组允许对文件进行分组,以便于管理和进行数据的分配/放置,实现负载均衡。例如,可以把一个数据库文件 Students1. ndf 和 Students2. ndf 分别存储在两个不同的硬盘驱动器上,并将这两个文件指派到文件组 FileGroup 中。然后,可以明确地在文件组 FileGroup 上创建一个表,这样该表的数据就可以分布在这两个磁盘上,对表中数据的查询也将分散到两个磁盘上,因而使查询的效率得以大大提高。

SQL Server 文件组类型有三种,它们分别是主文件组(PRIMARY),用户自定义文件组(USER-DEFINED)和默认文件组(DEFAULT)。

(1) 主文件组:包含主数据文件以及任何其他没有放入其他文件组的文件。系统表的所有页都分配在主文件组。

(2) 次文件组(用户定义文件组):用户创建数据库时或以后修改数据库时明确创建的任何文件组。

(3) 默认文件组:默认文件组包含在创建时没有指定文件组的所有表和索引的页。在每个数据库中,每次只能有一个文件组是默认文件组。如果没有指定默认文件组,则默认文件组是主文件组。

注意:对 SQL Server 的数据库文件和文件组的设计需要遵循一定的规则,其设计规则包括:

(1) 文件或文件组只属于一个数据库。例如,文件 Students. mdf 和 Students. ndf 包含 Students 数据库中的数据和对象,任何其他数据库都不能使用这两个文件。

(2) 一个文件只能是某一个文件组的成员。

(3) 一个数据库的数据信息和日志信息不能放在同一个文件或者文件组中,数据文件和日志文件总是分开的。

(4) 日志文件也不能是任何文件组的一部分,日志文件总是分开的。

3. 事务日志文件

在 SQL Server 中,事务日志是作为一个或者多个单独的文件来实现的。每个数据库都至少有一个相关的事务日志,它记录了 SQL Server 所有的事务以及由这些事务引起的数据库的变化。其扩展名为. ldf,在数据库中数据的任何改变写到磁盘之前,这个改变首先在事务日志中做了记录。因此,事务日志具有以下三个方面的作用:

(1) 恢复单个事务:当用户需要 SQL Server 执行 ROLLBACK 语句时,或者当 SQL Server 发现错误时,回滚到未完成的事务所做的修改。

(2) 在 SQL Server 启动时恢复所有未完成的事务:在 SQL Server 出错停机时,常会出现一部分事务的改变被写入数据库而另一部分还没有来得及被写入的情况,这样就造成了数据库中数据的不一致。而事务日志却可以使 SQL Server 在重新启动时回滚所有未完成的事务,从而保证了数据库的一致性。

(3) 在恢复数据库时,将数据库向前滚动到出错前一秒的状态:数据库从全库备份或差异备份恢复后,利用事务日志备份可回滚所有未完成的事务,使数据库恢复到出错前的状态。

3.1.2 数据库对象

SQL Server 数据库中的数据在逻辑上被组织成一系列对象,当一个用户连接到数据库后,他所看到的就是这些表、视图和存储过程等一系列的逻辑对象,而不是物理的数据库文件,如图 3-3 所示。

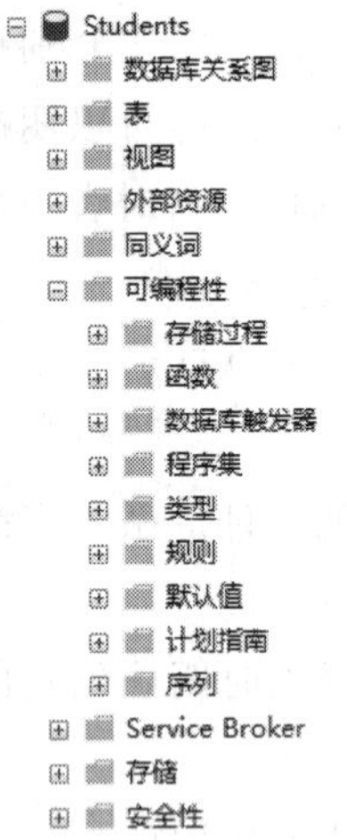

SQL Server 的数据库对象包括关系图、表、视图、存储过程、用户、角色、规则、默认、用户定义的数据类型、用户定义的函数、全文目录。可以说,SQL Server 的数据库就好像是一个容器,其中容纳着各种各样的数据库对象。数据库对象在 SQL Server 数据库中主要用来具体存储数据或对数据进行操作。

SQL Server 包括的数据库对象及其简要介绍如下:

(1)表:指具体组织和存储数据的对象,由列和行组成。行的顺序可以是任意的,列的顺序也可以是任意的。在同一个表里,列的名字必须是唯一的。在同一个数据库里,表的名字也必须是唯一的。

(2)视图:其实质也是表,只不过这些表是从一个或几个基本表中导出的虚拟表而已。在 SQL Server 数据库中只存储有视图的定义,而没有存储对应的数据。因此,视图可以看作是查看表中数据的一种逻辑方法。用户可以利用视图来为表采取安全性措施,也可以利用 SQL 简化查询等。

图 3-3　数据库中的数据对象

(3)存储:是一组经过编译的可以重复使用的 T-SQL 语言代码的组合,它在服务器端执行。用户可以调用存储过程,也可以接收存储过程返回的结果。

(4)触发器:这是一种特殊的存储过程,它与表相关联。当用户对指定的表进行某些操作后,触发器将会自动执行。触发器常被用来实施数据的完整性。

(5)用户定义的数据类型:是一种建立在系统数据类型基础上的自定义的数据类型,它其实是用户为了使用的方便对系统数据类型所做的一种扩展。

(6)用户定义的函数:指由用户根据需要而自行创建的函数,是由一条或多条 T-SQL 语句组成的代码段。它主要用于实现一些常用的功能,而且这种函数一旦编写好,就可以像 SQL Server 系统内置的函数一样,能够被重复使用。

(7)索引:索引主要用来为用户提供一种无须扫描整张表就能实现对数据快速访问的途径,因此使用索引可以优化查询。

(8)规则:这是 SQL Server 提供的确保数据一致性和完整性的方法,它提供了对特定列或用户自定义数据类型列进行约束的机制。

(9)默认:其功能是在向表中插入新的数据时,为没有指定数据的列提供一个默认的数据。

3.2　SQL Server 数据库类型

SQL Server 数据库主要有系统数据库和用户数据库。其中系统数据库是在安装 SQL Server 2016 时就已经自动创建了,而用户数据库则是由用户根据自己的需要来创建的。

3.2.1　系统数据库

SQL Serve 2016 有四个系统数据库,它们分别是:master 数据库、tempdb 数据库、model 数据库和 msdb 数据库。

（1）master 数据库

在 master 数据库的系统表中,记录了 SQL Server 系统级的信息,这些信息包括所有的登录账号、系统配置信息、所有数据库的信息、所有用户数据库的主文件地址等。

图 3-4　系统数据库

（2）tempdb 数据库

该系统数据库主要用于存放所有连接到系统的用户的临时表和临时存储过程,以及 SQL Server 所产生的其他临时性的对象。几乎所有的查询都可能需要使用它。但是,在 SQL Server 关闭时,tempdb 数据库中的所有对象都将被删除,而在每次启动 SQL Server 时,tempdb 数据库又会被重新创建。

（3）model 数据库

这是一个模板数据库,model 数据库就相当于一个模子,所有在系统中创建的新数据库的内容,在刚创建的时候都和该数据库一模一样。因此可以说,model 数据库是系统所有数据库的模板。

注意:因为 SQL Server 每次在重新启动的时候都将以该数据库为模板重新来创建 tempdb 数据库,所以删除 model 数据库,将会使 SQL Server 系统无法使用。也不能在 model 数据库中进行添加文件或文件组、更改排序规则、删除数据库所有者、删除数据库、删除主文件组、主数据文件或日志文件等操作。

（4）msdb 数据库

msdb 数据库是 SQL Server 代理用来安排报警、作业并记录操作员的一个系统数据库,该数据库常用来通过调度任务排除故障。

3.2.2　用户数据库

由用户建立并使用的数据库,主要用于存储用户使用的数据信息。由用户定义的数据对象,如表和索引等数据库对象组成并存储在磁盘空间上的文件组成。

在实施用户数据库创建任务的过程中,需要明确数据库的一些参数。

1. 数据库名称

对数据库的三个名称进行设置:数据库名称、数据库逻辑文件名称和数据库文件名。

- 数据库名称:数据库在 SQL Server 管理系统中显示、使用以及被其他系统引用时使用的名称。
- 逻辑名称:是数据库在 DBMS 内部使用的名称,通常用户不会使用到该名称。
- 数据库文件名:数据库最终在硬盘上形成的文件名称,通常默认使用逻辑名称,用户也可以根据需要进行设置。

2. 数据库初始大小

数据库初始大小是指数据库在创建的初期,用户根据实际需要为数据库设置的初始容量。SQL Server 2016 中,数据文件的初始大小默认值及最小值均为 8MB。

3. 自动增长

数据库的使用过程中,创建数据库时设定好的初始值很可能会无法满足数据存储的需要,

SQL Server 2016 支持 DBMS 按照用户的设定,自动数据库后期进行容量的增加,称为自动增长。

数据库的自动增长有两种类型:按原文件的百分比增长和按照固定的大小增长。

4. 数据文件最大值

数据库在使用过程中,用户可以根据需要设定数据文件的最大值,以此来限制数据库文件的增长。文件上限也有两种设置方式:限制文件增长和不限制文件增长。前者可以由用户设置一个上限,来规定数据库文件的最大容量;后者则不设置上限,由磁盘空间决定。

创建和管理用户数据库,一般是使用 SQL Server Management Studio 管理器和 Transact-SQL(简写为 T-SQL)语句命令。

3.3 使用 SQL Server 管理器(SSMS)创建和管理数据库

当需要将数据存储在数据库之中时,首先必须先建立数据库。创建新数据库时,数据库系统将为建立的数据库分配空间来存储将来的数据库对象和数据。SQL Server 使用 model 数据库作为模板。model 数据库包含了用于管理所有数据库中的对象的系统表。

创建数据库时,应该注意以下几点:

(1)要创建数据库,用户必须是 sysadmin 或 dbcreator 服务器角色的成员,或被明确赋予了可执行 create database 语句的权限。

(2)创建数据库的用户将成为该数据库的所有者。

(3)数据库名称必须遵循标识符规则。

(4)当新的数据库创建时,SQL Server 会自动更新 master 数据库的 sysdatabase 系统表。

3.3.1 使用 SSMS 创建数据库

(1)启动"SQL Server Management Studio",在"对象资源管理器"中右键单击"数据库"结点,弹出一个快捷菜单,选择"新建数据库"命令,如图 3-5 所示。

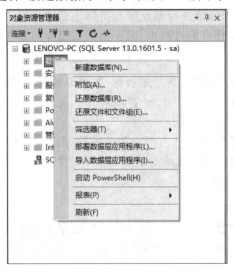

图 3-5 新建数据库弹出菜单页面

（2）选择"新建数据库"选项后，弹出"新建数据库"对话框，如图 3-6 所示。

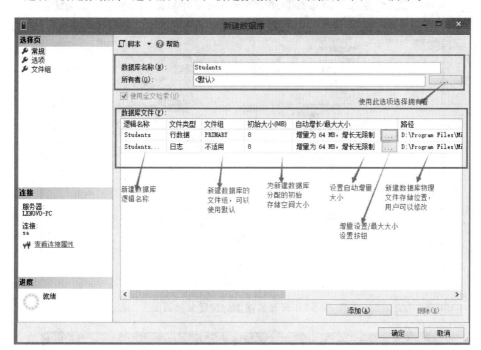

图 3-6　新建数据库设置页面

在该对话框的"常规"窗口中依次完成如下操作：在"数据库名称"文本框中输入要创建的数据库名称。此处输入 Students，在"所有者"文本框中输入数据库的拥有者，此处可选用默认值，这时在"数据库文件"的文本框内"逻辑名称"列中分别显示数据库文件和日志文件的逻辑文件名，也可使用默认文件名；在"初始大小"列中分别输入数据文件和日志文件的初始值大小，系统默认均为 8MB，在"自动增长/最大大小"列中分别设置数据文件和日志文件的自动增长情况，当数据文件和日志文件满时，它们会根据设定的增长情况自动增长文件的容量。自动增长率可以设置按百分比或按 MB 进行计算，单击"路径"列的按钮可设置文件的保存位置，如果不需要改变以上的设置，可以使用默认值。

（3）如果需要为新建数据库增加新的文件或日志文件，可以单击"添加"按钮，此时在数据库文件页面上将增加一行，用户可以为新增文件输入逻辑文件名，设置新增文件类型，并依次设置新增文件的大小、自动增长、存储位置等基本信息即可。

（4）在"新建数据库"窗口中，单击"选择页"窗格中的"选项"标签，如图 3-7 所示，可以设置数据库的配置参数。比如排序规则、恢复模式等配置参数。

（5）如果要添加新的文件组，单击"选择页"窗格中的"文件组"标签，打开如图 3-8 所示的窗口，在其中单击"添加"按钮，就可以增加一个文件组，在"名称"列入文件组的名称即可。注意：PRIMARY 主文件组是系统自定义的。

（6）设置完相关属性后，单击"确定"按钮，系统开始创建数据库，创建完成后，在"对象资源管理器"的"数据库"目录下就会显示新创建的数据库。

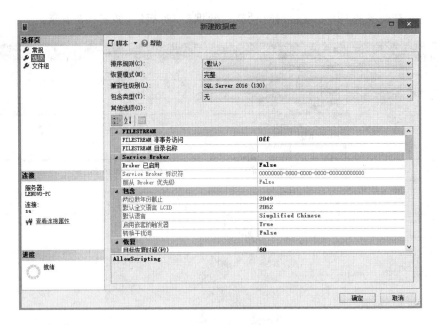

图 3-7　设置数据库的配置参数页面

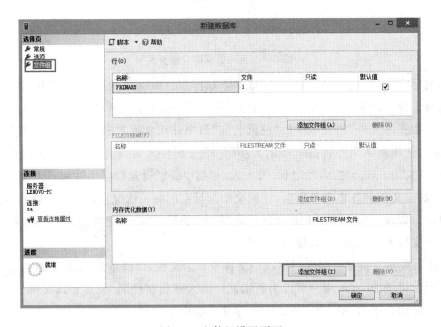

图 3-8　文件组设置页面

3.3.2　使用 SSMS 修改数据库

当数据库管理人员需要了解和调整某个数据库整体状态时，可以通过 SSMS 查看和修改用户数据库的配置。

（1）在"对象资源管理器"中展开"数据库"结点，右键单击目标数据库，如 Students 数据库，如图 3-9 所示，从弹出的快捷菜单中选择"属性"命令。

（2）在打开"数据库属性"对话框中，进行数据库的属性查看和修改，如图 3-10 所示。如在"常规"页面，用户可以查看数据库名称、所有者、创建日期、大小和可用空间等信息。

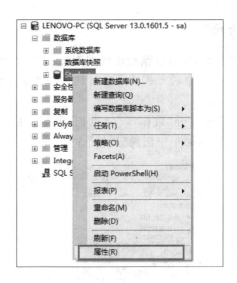

图 3-9　展开数据库属性页面

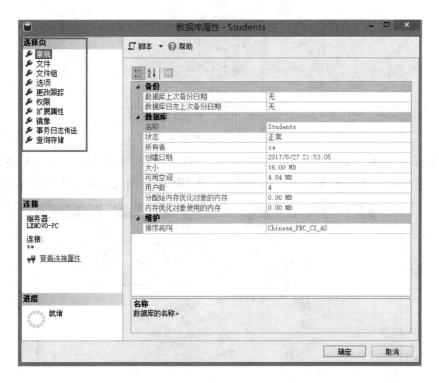

图 3-10　数据库 Students 属性"常规"页面

在"文件"页面中,用户可以修改数据文件和日志文件的基本信息,如逻辑文件名、初始大小和自动增长情况等,也可以增加数据文件和日志文件。与创建数据库过程中的参数设置方式相同。

在"文件组"页面中,用户可以添加和删除文件组。

在"选项"面面中,用户可以为数据库设置若干个决定数据库特点的数据库级选项。

在"权限"页面中,可以设置用户对该数据库的使用权限,也可以使用默认设置。

3.3.3 使用 SSMS 删除数据库

当用户不再需要某个数据库时,可以删除该数据库,以节省系统资源。

注意:① 数据库一旦删除,其中的文件及文件组就会从服务器的磁盘上删除。

② 不能删除系统数据库。

(1)在"对象资源管理器"中展开"数据库"结点,右键单击目标数据库,如 Students 数据库,如图 3-11 所示,从弹出的快捷菜单中选择"属性"命令。

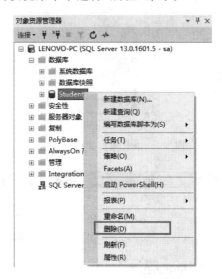

图 3-11 删除数据库

(2)在弹出的"删除对象"对话框,确认是否为目标数据库,并通过选中复选框决定是否要删除备份以及关闭已存在的数据库连接。最后单击"确定"按钮完成数据库删除操作。

图 3-12 "删除对象"窗口选项

删除数据库要慎重,因为系统无法轻易恢复被删除的数据库,除非做过数据库备份。使用这种方法每次只能删除一个数据库。

3.4　使用 T-SQL 创建与管理数据库

3.4.1　使用 T-SQL 创建数据库

创建数据库的 T-SQL 语句为 CREATE DATABASE 命令,其简单语法格式如下:

```
CREATE DATABASE 数据库名
    [ON
        [ PRIMARY ][ <数据文件名> [ ,...n ]
        [ , FILEGROUP<文件组名> [ ,...n ] ]
    [ LOG ON { <事务日志文件> [ ,...n ] } ]
    ]]
```

上述语法格式中,各参数含义介绍如下:

(1) 数据库名:新数据库的名称。数据库名在 SQL Server 实例中必须是唯一的。

(2) ON:指定用来存储数据库中数据部分的磁盘文件(数据文件),其后是用逗号分隔的、用以定义数据文件的<filespec>项列表。

(3) PRIMARY:指定关联数据文件的主文件组。带有 PRIMARY 的文件名定义的第一个文件将成为主要数据文件。如果没有指定 PRIMARY,则 CREATE DATABASE 语句中列出的第一个文件将成为主要数据文件。

(4) LOG ON:指定用来存储数据库中日志部分的磁盘文件(日志文件),其后面跟以逗号分隔的、用于定义日志文件的<filespec>项列表。如果没有指定 LOG ON,系统将自动创建一个日志文件,其大小为该数据库的所有数据文件大小总和的 25% 或 512 KB,取两者之中的较大者。

(5) 定义文件的属性,其中各参数含义如下。

其中文件名的格式如下:

```
    NAME = 逻辑文件名 ,
    FILENAME = { 物理文件名 }
    [ , SIZE = size [ KB | MB | GB | TB ] ]
    [ , MAXSIZE = { max_size [ KB | MB | GB | TB ] | UNLIMITED } ]
  [ , FILEGROWTH = growth_increment [ KB | MB | GB | TB | % ] ])
```

- NAME=逻辑文件名:指定文件的逻辑名称。指定 FILENAME 时,需要使用 NAME 的值。
- FILENAME= 物理文件名:指定操作系统(物理)文件名称。由操作系统使用的路径和文件名。
- SIZE=size:指定文件的初始大小。如果没有为主要数据文件提供 size,则数据库引擎将使用 model 数据库中的主要数据文件的大小。
- MAXSIZE=max_size:指定文件可增大到的最大大小。可以使用 KB、MB、GB 和 TB 后缀。默认为 MB。

- UNLIMITED：指定文件的增长无限制。
- FILEGROWTH＝growth_increment：指定文件的自动增量。FILEGROWTH 的大小不能超过 MAXSIZE 的大小。

下面举例说明如何用 Transact-SQL 语句创建数据库。

【例 3-1】 使用 CREATE DATABASE 创建一个 student 数据库，所有参数均取默认值。

```
CREATE DATABASE students
```

【例 3-2】 创建一个 Student1 数据库，该数据库的主文件逻辑名称为 Student1_data，物理文件名为 Student1.mdf，初始大小为 10MB，最大尺寸为无限大，增长速度为 10％；数据库的日志文件逻辑名称为 Student1_log，物理文件名为 Student1.ldf，初始大小为 1MB，最大尺寸为 5MB，增长速度为 1MB。

```
CREATE DATABASE Student1 ON PRIMARY
    (NAME = 'Student1_data',
FILENAME = 'D:\ Student1.mdf', SIZE = 10MB, FILEGROWTH = 10％)
    LOG ON
(NAME = 'Student1_log ', FILENAME = 'D:\ Student1.ldf ' , SIZE = 1MB, MAXSIZE = 5MB,
FILEGROWTH = 1MB)
```

3.4.2　使用 T-SQL 修改数据库

使用 ALTER DATABASE 语句可以对数据库进行修改，如增加或删除数据文件、改变数据文件或日志文件的大小和增长方式，增加或者删除日志文件和文件组等。其语法如下：

```
ALTER DATABASE 数据库名
{ADD FILE<filespec>[,…n][TO FILEGROUP 文件组名]
|ADD LOG FILE <filespec>[,…n]
|REMOVE FILE 逻辑文件名
|REMOVE FILEGROUP 文件组名
|MODIFY FILE <filespec>
|MODIFY NAME = 新数据库名
|ADD FILEGROUP 文件组名
|MODIFY FILEGROUP 文件组名
{FILEGROUP_PROPERTY|NAME = 新文件名组}}
```

上述语法中各参数含义如下：

数据库名：要修改的数据库的名称

ADD FILE：向数据库中添加文件。

TO FILEGROUP 文件组名：将指定文件添加到文件组。

ADD LOG FILE：将指定的日志文件添加到数据库

REMOVE FILE 逻辑文件名：从 SQL Server 的实例中删除逻辑文件并删除物理文件。除非文件为空，否则无法删除文件。

MODIFY FILE：指定应修改的文件，一次只能更改一个＜filespec＞属性。必须在＜filespec＞中指定 name，以标识要修改的文件。如果指定了 size，那么新大小必须比文件当前大小要大。

注意：只有数据库管理员或具有 CREATE DATABASE 权限的数据库所有者才有权执行该语句。

【例 3-3】　修改数据库 Students 文件 StudentsLog 的容量为 15MB。代码如下：

```
ALTER DATABASE Students
MODIFY FILE (NAME = 'StudentsLog',
SIZE = 15MB)
```

【例 3-4】　为数据库 Students 增加文件 StudentsData2。代码如下：

```
ALTER DATABASE Students
  ADD FILE
  (NAME = StudentsData2,
   FILENAME = 'd:\Data\Students2.ndf',
   SIZE = 15MB,
   MAXSIZE = 20MB)
```

3.4.3　使用 T-SQL 删除数据库

当数据库不再需要时，为了节省空间，可以将它们从系统中删除。

说明：只有处于正常状态下的数据库，才能使用 DROP 语句删除。当数据库处于以下状态时不能被删除：

（1）数据库正在使用。

（2）数据库正在恢复。

（3）数据库包含用于复制的已经出版的对象。

删除数据库的 T-SQL 命令 DROP DATABASE　语句如下：

```
DROP DATABASE　数据库名
```

如需要删除 Students 数据库的代码如下：

```
DROP DATABASE　Students;
```

3.5　数据库分离与附加

在数据库的运行过程当中，为了保证数据库的安全，有时需要对数据库进行一些特殊的管理，例如备份与转移到另外的物理介质上等。要想将数据及事务日志文件转移到其他介质中，首先需要分离数据库，使数据库文件与系统处于一种完全断开状态，才能进行数据库文件的转移。

当需要将分离出来的数据库文件复制到新数据库对象时，可以通过系统中的附加功能使之建立与该管理系统的链接，使用户可以通过管理器来访问和使用数据库。

注意：分离数据库要确保：

（1）确定没人在使用此数据库。

（2）确定数据库里没有未完成的任务。

3.5.1　使用 SSMS 分离数据库

在"对象资源管理器"中，找到要分离的数据库，单击右键，选择任务——分离即可，如图 3-13 所示。

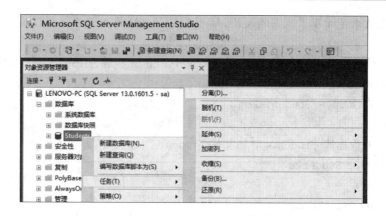

图 3-13　分离数据库界面

3.5.2　使用 SSMS 附加数据库

附加数据库的操作如下：

（1）在管理器中，右键单击数据库项，在弹出的菜单中选择附加，如图 3-14 所示。并在弹出的附加页面中，添加要附加的数据库即可，如图 3-15 所示。

图 3-14　附加操作

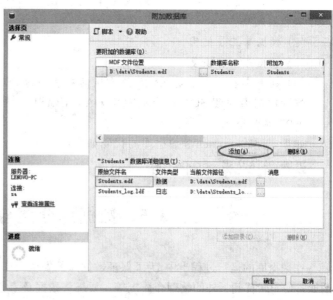

图 3-15　添加要附加数据库页面

拓 展 练 习

创建具有文件组的数据库

创建一个名为 Teacher 的数据库，该数据库除了主文件组 PRIMARY 外，还包括 TeacherGroup1 和 TeacherGroup2 两个用户创建的文件组。主文件组包含 Tea1_dat 和 Tea2_dat 数据文件，这两个文件的 FILEGROWTH 均为 15%。

TeacherGroup1 文件组包含 SGrp1Fi1_dat 和 SGrp1Fi2_dat 数据文件,这两个文件的 FI-LEGROWTH 均为 5MB。

TeacherGroup2 文件组包含 SGrp2Fi1_dat 和 SGrp2Fi2_dat 文件,这两个文件的 FILE-GROWTH 也都为 5MB。

为了简单起见,假设这些文件均存放在 D:\Teacher 文件夹下,所有数据文件的初始大小都是 10MB,最大大小都是 50MB。

该数据库只包含一个日志文件 Teacher_log,该文件也存放在 D:\Teacher 文件夹下,初始大小为 5MB,最大大小为 25MB,每次增加 5MB。

创建此数据库的 SQL 语句为(假设 D:\Teacher 文件夹已建立好):

```
CREATE DATABASE Teacher
    ON PRIMARY
    ( NAME = Tea1_dat,
    FILENAME = 'D:\Teacher\Tea1_dat.mdf',
    SIZE = 10MB,
    MAXSIZE = 50MB,
    FILEGROWTH = 15 % ),
  ( NAME  = Tea2_dat,
    FILENAME = 'D:\Teacher\Tea2_dat.ndf',
    SIZE = 10MB,
    MAXSIZE = 50MB,
    FILEGROWTH = 15 % ),
    FILEGROUP TeacherGroup1
  ( NAME = SGrp1Fi1_dat,
    FILENAME = 'D:\Teacher\SGrp1Fi1_dat.ndf',
    SIZE = 10MB,
    MAXSIZE = 50MB,
    FILEGROWTH = 5MB ),
  ( NAME = SGrp1Fi2_dat,
    FILENAME = 'D:\Teacher\SGrp1Fi2_dat.ndf',
      SIZE = 10MB,
    MAXSIZE = 50MB,
    FILEGROWTH = 5MB ),
    FILEGROUP TeacherGroup2
  ( NAME = SGrp2Fi1_dat,
    FILENAME = 'D:\Teacher\SGrp2Fi1_dat.ndf',
    SIZE = 10MB,
    MAXSIZE = 50MB,
    FILEGROWTH = 5MB ),
```

```
  ( NAME = SGrp2Fi2_dat,
    FILENAME = 'D:\Teacher\SGrp2Fi2_dat.ndf',
    SIZE = 10MB,
    MAXSIZE = 50MB,
    FILEGROWTH = 5MB )
  LOG ON
  ( NAME = Teacher_log,
    FILENAME = 'D:\Teacher\Teacher_log.ldf',
    SIZE = 5MB,
    MAXSIZE = 25MB,
    FILEGROWTH = 5MB )
```

本 章 小 结

本章主要介绍了创建数据库与管理数据库的知识，包括：

（1）数据库文件存储结构以及各种系统数据库。

（2）介绍数据库创建的方法。

（3）管理数据库的方式。

本 章 习 题

一、选择题

1. SQL Server 2016 中的主要数据文件扩展名是（　　）。

    A..sql   B..mdf   C..mdb   D..ldf

2. SQL Server 2016 中的数据库事务日志文件扩展名是（　　）。

    A..sql   B..mdf   C..mdb   D..ldf

3. （　　）的操作是把已经存在的数据库文件恢复成数据库。

    A.压缩数据库   B.创建数据库

    C.分离数据库   D.附加数据库

4. （　　）系统数据库包含系统的所有信息。

    A. Master 数据库   B. Resource 数据库

    C. Model 数据库   D. Msdb 数据库

5. 下列描述错误的是（　　）。

    A. 每个数据文件中有且只有一个主数据文件

    B. 日志文件可以存在于任意文件组中

    C. 主数据文件默认为 primary 文件组

    D. 文件组是为了更好地实现数据库文件组织

6. SQL Server 数据库文件有三类，其中次数据文件的扩展名为（　　）。

    A．．ndf   B．．mdf   C．．mdb   D．．ldf

7. （　　）系统数据库是一个模板数据库。

    A. Master 数据库   B. Resource 数据库

    C. Model 数据库   D. Msdb 数据库

8. 数据库文件必须经过（　　）操作，才可以移动相应的数据库文件。

    A. 压缩数据库   B. 断开数据库

    C. 附加数据库   D. 分离数据库

二、填空题

1. 如果需要将数据库文件移动到另一台计算机的数据库系统中，常用的方法是先对数据库实施_____操作，然后到另一台计算机上实施_____操作。

2. _____文件主要用于保存数据库运行过程中的各种操作信息。

3. _____数据库是一个临时数据库，它为系统在运行过程中所产生的所有临时表、临时存储过程及其他临时操作对象提供存储空间。

三、判断题

1. 数据库删除后，还可以通过附加命令重新附加到系统中。　　　　　　　　　　（　　）

2. 数据库的自动增长可以在硬盘介质所允许的范围内任意增长。　　　　　　　（　　）

第4章 数据表的创建与管理

 **本章解决问题**

　　表管理是数据库操作的核心,本章将解决的问题是能成功创建各种各样的表,在表创建过程中需要理解各种表参数的正确使用。表创建成功后,要能够对表进行各种操作。如查看、修改、删除操作。表成功建立后,为后续数据的操作提供可能。

 本章导航

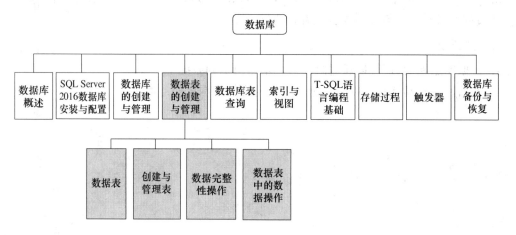

 知识目标

　　➢ 掌握数据表结构、数据类型。
　　➢ 了解数据完整性的作用与机制。
　　➢ 掌握 SSMS 对表操作的过程。
　　➢ 掌握 T-SQL 语言对表操作的主要命令。

能力目标

　　➢ 使用 SSMS 及 T-SQL 命令进行插入、修改及删除操作。
　　➢ 使用 SSMS 及 T-SQL 命令对表创建与管理。

4.1　数　据　表

　　表是 SQL Server 中一种最重要的数据库对象,它是存放数据的"容器",数据库中的所有数据按照按行和列的格式组织存放在表中。

4.1.1　数据表结构

SQL Server 关系数据库的数据表结构主要是由记录(行)和字段(列)构成,每一行代表唯一的一条记录(Record),而每列则代表所有记录中的一个域(Field)(也称为字段、属性)。

例如,在一个包含学生数据的表中,每一行代表一个学生的记录,而每一列则分别表示这个学生的某个属性,如学号、姓名、性别等,如图 4-1 所示。

学号	姓名	性别	出生日期	班级代码	联系电话	家庭住址	备注
2012180264	朱德豪	男	1999-09-01 0...	rj1201	NULL	NULL	NULL
2012180265	戴超范	男	1999-11-01 0...	rj1201	NULL	NULL	NULL
2012180266	肖建	男	2000-01-01 0...	rj1201	NULL	NULL	NULL
2012180269	杜守财	男	2000-05-01 0...	rj1201	NULL	NULL	NULL

图 4-1　学生表

注意:在同一个数据库里,表的名字也必须是唯一的。在同一个表里,列的名字必须是唯一的。

SQL Server 中的表一共有两类,即永久表和临时表。永久表都保存在数据库文件中,而临时表虽然与永久表很相似,但它们却是存储在 tempdb 数据库中的,而且当不再使用这些临时表时,它们会被自动删除。

4.1.2　SQL Server 中的数据类型

在 SQL Server 中,表中每一列都有一个相关的数据类型,每个变量、参数、表达式也同样具有数据类型。SQL Server 的数据类型可以分为系统内置的数据类型和用户自定义数据类型。系统数据类型是系统内置的数据类型,主要有:

1. 整数型

bigint	整型数据,占 8 个字节,值范围在 $-2^{63}-1 \sim 2^{63}-1$
int	整型数据,占 4 个字节,值范围在 $-2^{31}-1 \sim 2^{31}-1$
smallint	整型数据,占 2 个字节,值范围在 $-32\,768 \sim 32\,767$
tinyint	整型数据,占 1 个字节,值范围在 $0 \sim 255$

2. 小数数据类型(精确数据类型)

decimal[(p[,s])]	p 为精度,最大 38;s 为小数位数,$0 \leqslant s \leqslant p$
numeric[(p[,s])]	在 SQL Server 中,等价 decimal

3. 近似数值型(浮点数据类型)

近似数值数据类型不能精确记录数据的精度,它们所保留的精度由二进制数字系统的精度决定。SQL Server 提供了两种近似数值数据类型:

float[(n)]:	占 8 个字节存储空间,范围为从 $-1.79\text{E}+308$ 到 $1.79\text{E}+308$;n 指定 float 数据的精度。n 为 1 到 15 之间的整数值。当 n 取 $1 \sim 7$ 时,实际上是定义了一个 real 类型的数据,系统用 4 个字节存储它;当 n 取 $8 \sim 15$ 时,系统认为其是 float 类型,用 8 个字节存储它
real	real 数据类型可精确到第 7 位小数,其范围为从 $-3.40\text{E}-38$ 到 $3.40\text{E}+38$。每个 real 类型的数据占用 4 个字节的存储空间

4. 字符型和 Unicode 字符型

char[(n)]	长度为 n 个字节的固定长度且非 Unicode 的字符数据。n 必须是一个介于 1~8 000 之间的数值。存储大小为 n 个字节
varchar[(n)]	长度为 n 个字节的可变长度且非 Unicode 的字符数据。n 必须是一个介于 1~8 000 之间的数值。存储大小为输入数据的字节的实际长度,而不是 n 个字节。所输入的数据字符长度可以为零
text	用来声明变长的字符数据。不需要指定字符的长度。最大长度为 $2^{31}-1(2\,147\,483\,647)$ 个字符存储大于 8KB 的 ASCII 字符
nchar[(n)]	长度为 n 个字节的固定长度 Unicode 的字符数据,最大长度 4 000 字节
nvarchar[(n)]	可变长 Unicode 字符,最大长度 4 000 字节
ntext	可变长 Unicode 数据,最大长度为 $2^{30}-1(1\,073\,741\,823)$

在 SQL Server 中,字符数据使用 char、varchar 和 text 数据类型存储。若要在 SQL Server 中存储国际化字符数据,请使用 nchar、nvarchar 和 ntext 数据类型。

5. 逻辑数值型

bit	0 或 1,或 null,表示 true 或 false

如果输入 0 以外的其他值时,SQL Server 均将它们当作 1 看待。

6. 日期和时间数据

datatime	占 8 个字节空间,表示从 1753 年 1 月 1 日到 9999 年 12 月 31 日之间的日期
samlldatatime	占 8 个字节空间,表示从 1900 年 1 月 1 日到 2079 年 6 月 6 日之间的日期
data	占 3 个字节存储空间,表示从 0001 年 1 月 1 日到 9999 年 12 月 31 日之间的日期
time	占 5 个字节,表现形式:小时:分钟:秒

7. 二进制数据类型

binary[(n)]	固定长度的 n 个字节二进制数据。n 必须是 1~8 000 之间的数值
varbinary[(n)]	可变长二进制数,最大长度 8KB
image	可变长度二进制数据在 0~-1(2 147 483 647)字节之间,可以用来存储超过 8KB 的可变长度的二进制数据,如 Word 文档、Excel 电子表格、位图图像、图形交换格式(GIF)文件和联合图像专家组(JPEG)文件

二进制数据由十六进制数表示。

8. 货币型数据

money	占 8 个字节存储空间,有 4 位小数的 decimal 类型
smallmoney	占 4 个字节存储空间

9. 其他数据类型

cursor	游标数据类型,用于创建游标变量或者定义存储过程的输出函数。它是唯一不能赋值给表的列(字段)的基本数据类型
sql_variant	该数据类型可以存储除了 text、ntext、timestamp 和自己本身以外的其他所有类型的变量
table	它可以暂时存储应用程序的结果,以便以后用到
timestamp	时间戳数据类型,它可以反映数据库中数据修改的相对顺序
uniqueidentifier	全局唯一标识符(Globally Unique Identification,GUID)。它是一个 16 字节长的二进制数据类型,是 SQL Server 根据计算机网络适配器地址和主机 CPU 时钟产生的唯一号码而生成的全局唯一标识符代码。唯一标识符代码可以通过调用 NEWID 函数或者其他 SQL Server 应用程序编程接口来获得

4.1.3　数据完整性

数据库不仅仅存储数据,它也必须保证所保存的数据的完整性。数据完整性就是要求数据库表中的数据具有准确性。为了维护数据库中数据的准确性,在创建表时常常需要为表中的字段定义约束,防止将错误的数据插入表中。例如,在学生表中,不允许出现两个有一样学号信息的两个学生,学生的年龄信息也应加以限制,不能出现为负数的情况等。

要保证数据的完整性,可以通过对数据库表的设计和约束来实现的。SQL Server 中数据完整性包含四种类型分别是:实体完整性、域完整性、参照完整性、用户定义完整性。

（1）实体完整性

实体完整性将记录(行)定义为特定表的唯一实体,即每一行数据都反映不同的实体,不能存在相同的数据行。通过索引、UNIQUE(唯一)约束、PRIMARY KEY(主键)约束、标识列属性实现实体完整性。

约束种类	功能描述
PRIMARY	KEY(主键)约束,唯一识别每一条记录的标志,可以由多列共同组成
IDENTITY(自增)约束	列值自增,一般使用此属性设置的列作为主键
UNIQUE(唯一)约束	可以使用 UNIQUE 约束确保在非主键列中不存在重复值,但列值可以是 NULL(空)

（2）域完整性

域完整性指特定字段的项的有效性。可以强制限制类型(通过使用数据类型)、限制格式(通过使用 CHECK 约束和规则)或限制可能值的范围(通过使用 FOREIGN KEY 约束、CHECK 约束、DEFAULT 定义、NOT NULL 定义和规则)实现域完整性。

名　　称	描　　述
CHECK(检查)约束	用于限制列中值的范围
FOREIGN KEY(外键)	一个表中的 FORENIGN KEY 指向另一个表中的 PRIMARY KEY
DEFAULT(默认值)约束	用于向列中插入默认值
NOT NULL(非空)约束	用于强制列不接受 NULL(空)值

（3）参照完整性

在输入或删除数据行时,参照完整性约束用来保持表之间已定义的关系。在 SQL Server

2016 中，参照完整性通过 FOREIGN KEY 和 CHECK 约束，以外键与主键之间或外键与唯一键之间的关系为基础。参照完整性确保键值在所有表中一致。这类一致性要求不引用不存在的值，如果一个键值发生更改，则整个数据库中，对该键值的所有引用要进行一致的更改。

（4）用户定义完整性

用户自定义完整性用来定义特定的规则。例如，输入学生年龄时，只能输入大于 0 的值。所有完整性类别都支持用户定义完整性。这包括创建表中所有列级约束和表级约束、存储过程以及触发器。

4.2 创建和管理表

4.2.1 创建表

要创建一张用户表存储用户数据，需要知道表的结构，如表的名称以及该表中每个列的名称和数据类型，指出每个列中是否允许空值属性等。

注意：数据库中的表包含系统表和用户表。系统表在创建数据库的时候自动生成的，存储数据库和表的相关信息，用户不应该直接更改系统表的内容。

创建表的方法有两种，一种方法是使用 T-SQL（CREATE TABLE）语句；另一种方法是使用 SQL Server Management Studio（SSMS）。

1. 使用 CREATE TABLE 语句创建表

在 SQL Server 中，用户可以使用 T-SQL 语言的 CREATE TABLE 语句来创建表。其语法格式如下：

```
CREATE TABLE 表名
 （列 1 定义，
  列 2 定义，
  列 n 定义）
```

其中列定义格式为：

```
＜列定义＞::={列名 数据类型}
[[ DEFAULT 约束表达式]
|[ IDENTITY [(seed,increment)[NOT FOR REPLICATION]]]
]
[＜列约束＞][...n]
```

【**例 4-1**】 使用 CREATE TABLE 语句在 Students 数据库中创建一个具体的表：学生表。

学生表是记录学生基本信息的表，本表要记录的信息主要有学生姓名、学号、性别、电话等信息，也就是说该表要包括的列就是以上几种。另外，该表还应有一个学生编号列，并且这个列被作为该表的标识列。其具体代码如下：

```
CREATE TABLE 学生（
学号   char(12)   IDENTITY(1,1)   PRIMARY KEY,
姓名 varchar(20)    NOT NULL,
性别 char(2),
出身日期 datatime,
```

入学时间 datatime,

班级代码 char(9)　)

注意:在上面的语句中包含了一些诸如 IDENTITY(1,1)、PRIMARY KEY、NOT NULL、UNIQUE 等关键字,这就是对表中各列进行完整性约束的一些词语。关于这些内容,在以后专门的章节中进行介绍,在此用户只需对其有个大致的了解即可。

2. 使用 SQL Server Management Studio (SSMS)创建表

为了方便用户,SQL Server 数据库提供了用图形界面来创建表的方法,这就是利用 SQL Server Management Studio(SSMS)创建表。

(1) 在 SQL Server Management Studio 的"对象资源管理器"中,右键单击"Students"数据库下"表"结点,从弹出的快捷菜单中选择"新建"|"表",如图 4-2 所示,弹出"表结构设计"对话框。

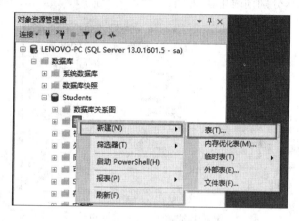

图 4-2　新建表命令

(2)"表结构设计"对话框分为上、下两个部分,其中上半部分为一个表格,设置字段,包括字段名、数据类型和是否允许空。在该窗口的下半部分显示的是特定列的详细属性,用户可在此对各个列进行一些特定属性的设置,如图 4-3 所示。

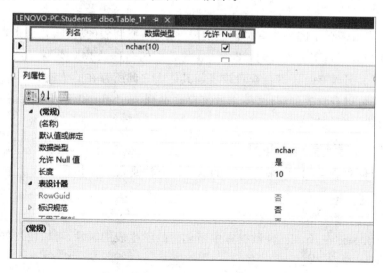

图 4-3　表结构设计页面

该表格中各项的意义如下：

- 列名：用户可在该域中分别为所创建表的各个列指定一个名称。
- 数据类型：为各个列指定数据类型。这是一个下拉列表框，其中包括了所有的系统数据类型和数据库中的用户自定义数据类型，用户可在此为各个列指定一个合适的选项。
- 长度：如果用户所选择的数据类型需要为其指定长度，则需在此进行。
- 允许空：在此为各个列指定其中的数据是否可以为空。在该域中单击，可以切换所在列的数据是否为空值的状态，打钩说明允许为空值，空白则说明不允许为空值，其默认状态是允许空值的。

以上各项中的前三项，必须由用户在建表时给出。

（3）根据任务需要，分别向表中添加"学号""姓名"等字段，完成图 4-4 所示表设计。

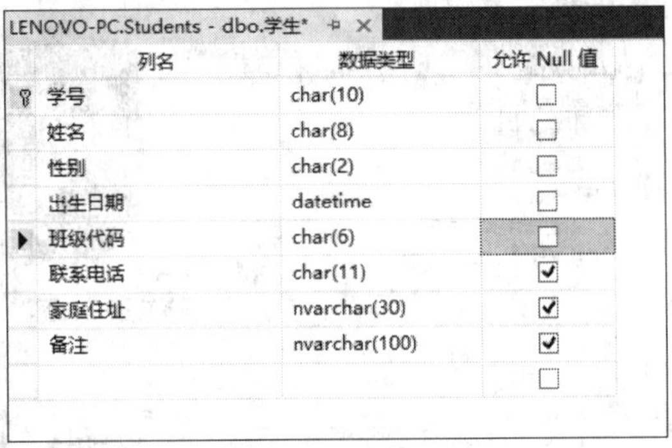

图 4-4 "学生表"的结构设计

（4）保存。确认无误后进行保存。单击工具栏上的 ■ 按钮，弹出确认保存对话框，在对话框的文本框中添加表名"学生表"，单击"确定"按钮，完成表结构创建。

4.2.2 查看表

表创建后，有时需要了解一些有关该表的属性信息，所谓表的属性，就是指表的所有者、所属类型（属于系统表还是用户表）、创建时间、表的各列的名称及数据类型，还有在表上定义的索引以及约束等。另外有时还需要查看该表与其他表之间所存在的依赖关系等。

有两种方法可以查看表的属性，使用系统存储过程 sp_help 和使用 SQL Server Management Studio 方式。

1. 使用系统存储过程 Sp_help 查看

使用系统存储过程 sp_help 来查看表的属性的方法是：在 sp_help 后面加上要看的表名作为参数。其格式如下：

EXEC sp_help 表名

例如，要查看上述在 Students 数据库中所创建的学生表的属性，可以使用如下语句：

EXEC sp_help 学生

在查询分析器中执行后，结果窗格中的显示如图 4-5 所示。

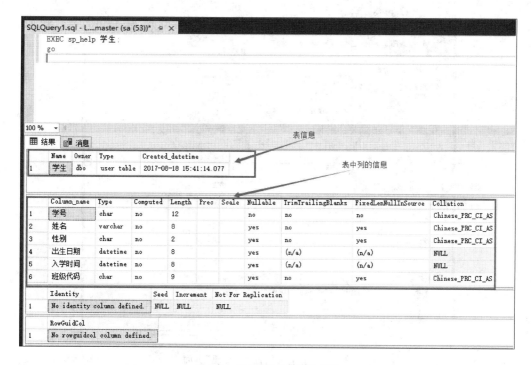

图 4-5 查询"学生表"的信息

从图 4-5 中可以看到,执行的结果分为两部分显示:表的定义、表中每个列的定义和表中标识列的定义。在"查询"窗口的结果窗格中拉动滚动条,用户还可以查看有关该表的其他各种信息,例如所有数据库对象的定义等。除了表外,还包括视图、存储过程以及用户自定义数据类型等。

如果用户想查看该数据库中所有表的属性,则可以直接使用系统存储过程 sp_help 后不带任何参数来进行显示。

2. 使用 SQL Server Management Studio(SSMS)查看

除了上述使用系统存储过程来显示表的属性外,在 SQL Server Management Studio 中查看表的定义会更加方便。其方法如下:

(1)在"对象资源管理器"下展开数据库并选中"表"选项,在需要查看表的名称上右键单击,在弹出的快捷菜单中选择"属性"选项,可以打开"表属性"对话框,用户可以查看表中每一列的定义。图 4-6、图 4-7 即显示了 Students 表的属性及其每一列的属性定义。

图 4-6 查看表属性页面

4.2.3 修改表

在创建完一个表之后,不仅可以查看表有关的属性、数值、约束等,在使用的过程中还可以根据需要进行结构上的调整,如增加或删除字段、字段数据类型的修改等。要修改表,可以使用 ALTER TABLE 语句或 SQL Server Management Studio 两种方法来进行。

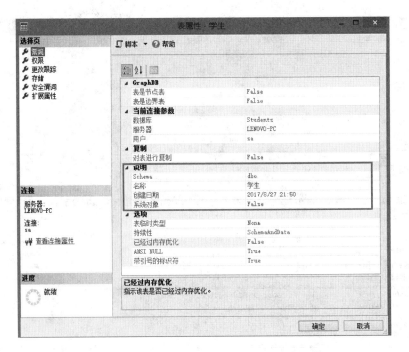

图 4-7　学生表属性的"常规"页面

1. 使用 T-SQL 语句 ALTER TABLE 语句修改表

使用 ALTER TABLE 语句对表进行修改常见的情况有以下几种。

（1）向表中添加新列

向表中添加新列时，需要在 ALTER TABLE 语句中使用 ADD 子句。语法格式如下：

```
ALTER TABLE 表名
ADD 列名 数据类型 属性 1 属性 2……
```

【例 4-2】 向教材表增加单价列，列名为单价，数据类型为 float，默认空值，其代码如下：

```
ALTER TABLE 教材
ADD 单价 float(2) NULL ;
GO
```

注意：向已存在的表中增加列时，应使新增加的列具有默认值或允许其为空值。添加列完成时，SQL Server 将向表中已存在的行填充新增列的默认值或空值。如果既没有提供默认值也不允许为空值，那么新增列的操作将出错，因为 SQL Sever 不知道该怎么处理那些已经存在的行。

（2）删除表中的列

删除表中的列需要使用 ALTER TABLE 语句的 DROP COLUMN 子句。格式：

```
ALTER TABLE 表名 DROP COLUMN 列名；
```

【例 4-3】 将教材表中建立的"单价"列删除。其代码如下：

```
ALTER TABLE 教材 ；
DROP COLUMN 单价；
GO
```

（3）修改表中列的定义

修改表中某列的属性定义语法如下：

ALTER TABLE 表名 ALTER COLUMN 列名 ＜列属性＞ ；

【例 4-4】　将教材表中教材名称字段数据类型的长度修改为 20

ALTER TABLE 教材

ALTER COLUMN 教材名称 varchar(20)；

GO

（4）修改表中列的名称

修改表中某列的列名语法如下：

［EXEC］SP_RENAME '表名.原列名','新列名','COLUMN' ；

【例 4-5】　将班级表中系部名称修改为院系名称

EXEC SP_RENAME '班级.系部代码','院系代码','COLUMN'；

GO

有关数据表结构中带约束的条件的数据操作在后面章节介绍。

2. 使用 SQL Server Management Studio 修改表

在"对象资源管理器"下展开数据库并选中"表"选项,在需要修改的表名称上单击鼠标右键,在弹出的快捷菜单中选择"设计"命令,弹出基本表结构修改对话框,如图 4-8 所示,该对话框与创建表的对话框完全一样,用户只要根据需要,修改调整的字段即可。

图 4-8　修改表页面

4.2.4　删除表

当一个表不再使用时,用户可以将其删除,以便释放其所占用的存储空间。

注意:

（1）在删除表时,表的结构定义、数据、全文索引、约束和索引都将永久地从数据库中删除,原来存放表及其索引的存储空间将被用来存放其他表。

（2）只有在表没有被其他表引用的时候,才能被删除。如果一个表被其他表通过外键（FOREIGN KEY）约束引用,那么必须首先删除具有外键约束的表,或删除其外键约束,否则,删除操作就会失败。

删除数据库中的一个表,可以使用企业管理器和使用 DROP TABLE 语句两种方法。

1. 使用 DROP TABLE 语句删除表

使用 DROP TABLE 语句删除表的格式为

DROP TABLE 表名

【例 4-6】 删除 Students 数据库中的教材表,在查询分析器中输入下面的语句:

USE Students

DROP TABLE 教材

输入完毕,在查询分析器中单击"执行"按钮后,即可将该表删除,如图 4-9 所示。

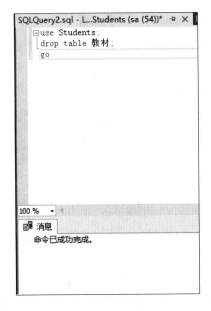

图 4-9 执行 drop table 命令删除表

注意: 使用 DROP TABLE 语句删除的表必须与其他表之间不存在依附关系。否则在查询分析器的结果窗格中会给出该表正由一个外键约束所引用,不能被删除的提示。

2. 使用 SQL Server Management Studio 删除表

使用 SQL Server Management Studio 来删除表的具体操作步骤如下:

（1）在"对象资源管理器"中用鼠标右键单击要删除的表（如教材表）,在弹出快捷菜单选择"删除"选项,弹出"删除对象"对话框。

（2）在"删除对象"列表中选择要删除的表。该列表中显示了要删除的表的名称、所有者以及类型等信息,如图 4-10 所示。如果想了解要删除的表与其他表之间有否存在依附关系,则单击"显示相关性"按钮,弹出该表的"相关性"对话框。

图 4-10　删除表对话框

（3）确认被删除的表与其他表之间没有相互依附关系之后，单击"确定"按钮，即可将要删除的表删除。

注意：如果要删除的表与其他表之间有相互依附关系（例如，教材表被选课表中定义的一个外键所引用），则单击"全部除去"按钮时，会弹出一个对话框，提示该表正由一个外键约束所引用，因此不能被删除。

4.3　数据完整性操作

在 SQL Server 2016 系统中为数据完整性提供了定义完整性约束条件的机制，DBMS 提供定义数据库完整性约束条件，并把它们存入数据库中。同时，也提供完整性检查的方法。用于检查数据是否满足完整性约束条件的机制称为完整性检查。一般在 INSERT、UPDATE、DELETE 语句执行后开始检查。

4.3.1　默认值

默认值（缺省）是为列提供数据的一种方式，如果用户进行 INSERT 操作时不为列输入数据，则使用默认值定义的值。默认值有以下特点：

（1）默认值是数据库对象，是独立于表和列而建立的。删除表的时候，DEFAULT 约束会自动删除，但是默认值对象不会被删除。

（2）默认值建立后与列或数据类型产生关联，列和数据类型就具有了默认值的属性。

在 SQL Server 中，有两种使用默认值的方法。

1. 在创建表时，指定默认值

用 SQL Server Management Studio 创建表时在设计表时指定默认值，可以在输入字段名称后，设定该字段的默认值，如图 4-11 所示。

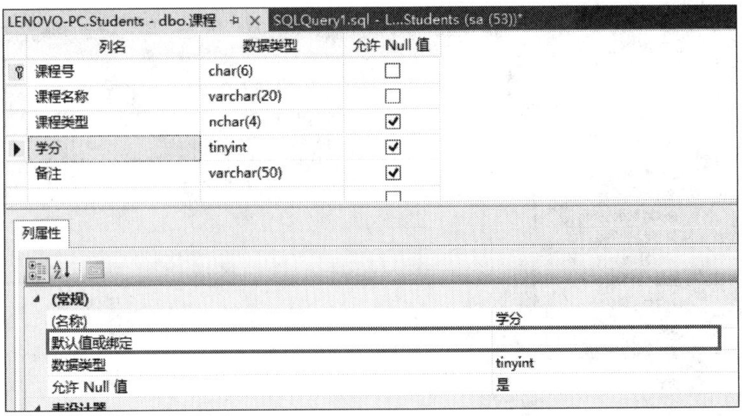

图 4-11　在 SSMS 中设置默认值

2. 使用 T-SQL 语句创建和使用默认值对象

（1）创建默认对象

使用 CREATE DEFAULT 语句创建默认对象。其语法格式如下：

```
CREATE DEFAULT 默认对象名　　AS 表达式
```

【例 4-7】　创建默认对象 DF_SCORE 默认值为 100；

```
CREATE DEFAULT DF_SCORE AS 100
```

（2）绑定默认对象

默认对象建立以后，必须将其绑定到表字段或用户定义的数据类型上才能起作用。在查询分析器中使用系统存储过程来完成绑定，其语法格式为

```
[EXEC]　SP_BINDEFAULT　'默认对象名','表名.字段名'
```

【例 4-8】　把刚建立的默认值对象绑定到成绩表的期末成绩和平时成绩字段中。语句如下：

```
EXEC SP_BINDEFAULT　'DF_SCORE','成绩.期末成绩','成绩.平时成绩'
```

（3）解除默认对象的绑定

解除绑定可以使用 SP_UNBINDEFAULT 存储过程。其语法格式如下：

```
SP_UNBINDEFAULT [@objname = ]'默认对象名'
```

【例 4-9】　解除 DF_SCORE 的绑定，语句如下：

```
SP_UNBINDEFAULT 'DF_SCORE'
```

（4）查看默认对象

```
EXEC SP_HELP 默认对象或
```

（5）删除默认对象

在删除默认对象之前，首先要确认默认对象已经解除绑定。删除默认对象使用 DROP DEFAULT 语句。其语法格式如下：

```
DROP DEFAULT {默认对象} [,…n]
```

【例 4-10】　删除 DF_SCORE 对象语句如下：

```
DROP DEFAULT DF_SCORE
```

4.3.2　规则与规则使用

规则是在进行 INSERT 或 UPDATE 操作时,对输入列中的数据设定的取值范围,是实现域完整性的方式之一。

规则用以限制存储在表中或用户自定义数据类型的值,是独立的数据库对象。

注意:

① 只有将规则绑定到列或用户自定义数据类型时,规则才起作用。

② 表中的每列或每个用户定义数据类型只能和一个规则绑定。但每列可应用多个 CHECK 约束。

③ 如果要删除规则,应确定规则已经解除绑定。

规则的使用步骤如下:

(1)创建规则

创建规则语法格式如下:

CREATE RULE 规则名 AS 条件表达式

其中各参数含义如下:

规则名:表示新建规则的名称。

条件表达式:规则的条件,其中的变量必须以@开头。

【例 4-11】　创建一条规限制分数在 0 到 100 分之间,语句如下:

CREATE RULE r_grade AS @grade< = 100 and @grade> = 0

(2)绑定规则

使用 SP_BINDRULE 存储过程,语法格式为

[EXEC] SP_BINDRULE [@rulename =]'规则名称', [@objname =] '表名.字段名'

【例 4-12】　把规则 r_grade 绑定给成绩表的期末成绩字段,使得期末成绩的值在 0 到 10 之间。代码如下:

EXEC SP_BINDRULE 'r_grade','成绩.期末成绩'

在使用规则时要注意:

① 规则不能绑定到 text、image 或 timestamp 列。

② 如果规则与绑定的列不兼容,SQL Server 将在插入值时返回错误信息。

③ 未解除绑定的规则,如果再次将一个新的规则绑定到列,旧的规则将自动被解除,只有最近一次绑定的规则有效。

④ 如果列中包含 CHECK 约束,则 CHECK 约束优先。

(3)解除规则的绑定

如果某个字段不再需要规则对其输入的数据进行限制,应该将规则从该字段上去掉,即解绑,使用 SP_UNBINDRULE 存储过程。语法格式如下:

SP_UNBINDRULE '表名.字段名'

【例 4-13】　解除成绩表中期末成绩字段上的规则。语句如下:

EXEC SP_UNBINDRULE '成绩.期末成绩'

(4)删除规则

如果规则没有存在价值,可以将其删除。在删除之前,应该对规则解绑,当规则不再应用与任何表时,可以删除。语法如下:

DROP　RULE　规则名称[,…n]

【例 4-14】 删除规则 r_grade 的语句如下：

DROP   RULE   r_grade

4.3.3 约束与约束使用

约束是 SQL Server 提供的自动强制数据完整性的一种方法,数据的完整性就是通过各种各样的完整性约束来保证数据库中数据值是正确状态。即通过定义列的取值限制条件来维护数据的完整性。

1. 主键约束

主键是用来唯一标识表中一条记录(行)的,它可以由一个字段或多个字段组成,用于强制表的实体完整性。

主键约束特点:

① 一个表只能有一个主键约束,并且主键约束中的字段值不能是空值。由于主键约束可保证数据的唯一性,因此经常使用标识列定义这种约束。

② 如果创建表时指定主键,SQL Server 会自动创建一个名为"PK_"且后跟表名的主键索引。SQL Server 2016 数据库引擎将通过为主键字段创建唯一索引来强制数据的唯一性。如果不指定索引类型,则默认为聚集索引。

③ 如果某一字段数据的值可能重复,可以选择多个字段数据组合作为主键。

④ 要使用 T-SQL 修改 PRIMARY KEY,必须先删除现有的 PRIMARY KEY 约束,然后再重新创建。

(1) 使用 SQL Server Management Studio 方式设置主键

① 在 SQL Server Management Studio 的"对象资源管理器"窗口中,依次展开数据库(如 Students)、表结点,选择表(如学生表),右键单击表,在弹出的快捷菜单中选择"设计"命令,打开"表设计器"对话框。

② 在"表设计器"对话框中,选择需要设为主键的字段,如果需要选择多个字段时,可以按住 Ctrl 键,同时单击每个要选择的字段。例如,选择学号字段。

③ 右键单击选择的某个字段,在弹出的快捷菜单中选择"设置主键"命令。

④ 执行命令后,在作为主键的字段前有一个钥匙样图标。也可以在选择好字段后,单击工具栏中的"钥匙"工具按钮,设置主键,如图 4-12 所示。

(2) T-SQL 命令方式设置主键

使用 T-SQL 命令方式也可以设置主键。可以在创建新表时同时创建主键约束以及为已经存在的表创建主键约束。

① 创建新表时建立主键约束,语法如下:

```
CREATE TABLE 表名
( 列名   数据类型及长度
  [CONSTRAINT 约束名 PRIMARY KEY]        定义列级主键约束
  [CLUSTERED|NOCLUSTERED]
      [,CONSTRAINT 约束名
    PRIMARY KEY [CLUSTERED|NOCLUSTERED]   定义表级主键约束
      (列名[,…N])]
      )
```

图 4-12　主键设置示例图

其中约束名必须是唯一的，[CLUSTERED|NOCLUSTERED]表示创建主键时，自动创建索引的类型。默认值是 CLUSTERED。

【例 4-15】　建立一个列级主键，在 Students 库中，建立一个民族表（民族代码，民族名称），将民族代码指定为主键。代码如下：

```
CREATE TABLE 民族
    (民族代码 char(2)CONSTRAINT pk_mzdm PRIMARY KEY,
    民族名称 varchar(30) NOT NULL
    )
    GO
```

【例 4-16】　建立一个表级约束，建立一张借书表（学号、书号、借阅时间、归还时间），以学号和书号作为关键字。

```
CREATE   TABLE   借书
(学号   CHAR(10),
 书号   CHAR(10),
 借阅时间   DATATIME,
 归还时间   DATATIME,
 CONSTRAINT  P_Y   PRIMARY KEY  (学号,书号))
```

② 在已经存在的表中建立主键约束，语法如下：

```
ALTER   TABLE   表名
ADD CONSTRAINT 约束名
PRIMARY KEY [CLUSTERED|NONCLUSTERED]
    {(列名[,…n])}
```

约束名：指主键约束名称。

CLUSTERED：表示在该列上建立聚集索引。

NONCLUSTERED：表示在该列上建立非聚集索引。

【例4-17】 在Students库中的课程注册表中，指定字段注册号为表的主键，其代码如下：

```
USE Students
ALTER TABLE 课程注册
ADD CONSTRAINT pk_zce
PRIMARY KEY CLUSTERED (注册号)
GO
```

（3）删除主键操作

如果不再需要主键约束的时候，可以删除主键约束。删除主键也有两种方式。

1）使用SQL Server Management Studio方式。

① 在SQL Server Management Studio的"对象资源管理器"窗口中，依次展开数据库（如Students）、表结点，选择表（如学生表），右键单击表，在弹出的快捷菜单中选择"设计"命令，打开"表设计器"对话框。

② 在"表设计器"对话框中，右键单击需要删除主键的字段，在弹出的菜单中选择删除主键选项即可，如图4-13所示。

2）使用T-SQL语句删除主键，语法如下：

```
ALTER TABLE <表名>
DROP CONSTRAINT 约束名[,.,n]
```

【例4-18】 把在系部名称上建立的唯一约束删除。语句如下：

```
ALTER TABLE 系部
DROP CONSTRAINT IX_系部
```

执行结果如下：

图4-13 删除主键页面

2. 外键（FOREIGN KEY）

外键是SQL Server 2016保证参照完整性的另一种设置。被设置外键的字段值必须在另外对应表的主键的值之中，也就是一个表中的外键是另一个表中的主键（PRIMARY KEY），如图4-14所示。

外键约束特点：

① 外键主要用来维护两个表之间的一致性关系。外键的建立主要是通过将一个表中的主键所在列包含在另一个表中，这些列就是另一个表的外键。

② 外键约束不仅可以与另一张表上的主键约束建立联系，也可以与另一张表上的UNIQUE约束建立联系。

③ 外键约束上允许存在为NULL的值，则针对该列的外键约束核查将被忽略。

④ 外键同时也限制了对主键所在表的数据进行修改。当主键所在的表的数据被另一张表的外键所引用时，用户将无法对主键里的数据进行修改或删除。除非事先删除或修改引用的数据。

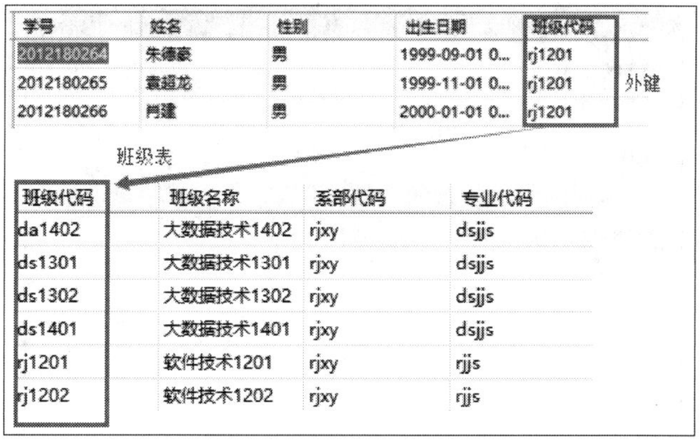

图 4-14 外键设置

⑤ 当一个新的数据加入表格中，或对表格中已经存在的外键上的数据进行修改时，新的数据必须存在于另一张表的主键上。

（1）使用 SQL Server Management Studio 创建外键约束

在 Students 数据库中，为"学生"表的"班级代码"列创建外键约束，从而保证在"学生"表中输入有效的"班级代码"。其操作步骤如下：

① 启动 SQL Server Management Studio，在"对象资源管理器"窗口中，依次展开数据库、student、表结点。

② 右键单击"学生"表，在弹出的快捷菜单中选择"设计"命令，打开"表设计器"对话框。在"表设计器"中，右键单击任意字段，在弹出的快捷菜单中单击"关系"命令，打开"外键关系"对话框，如图 4-15 所示。

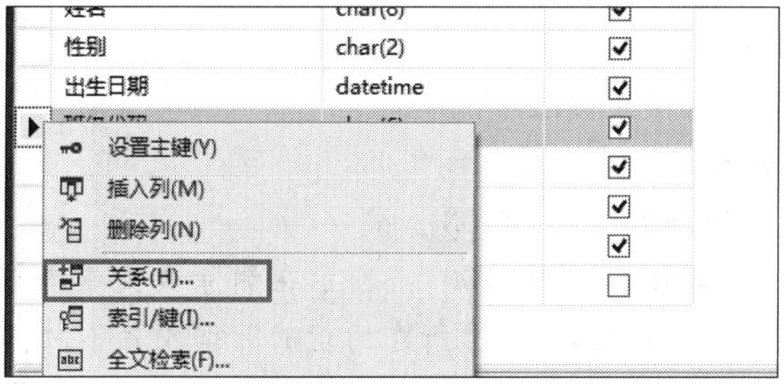

图 4-15 关系选项栏

③ 单击"添加"命令按钮，系统给出默认的外键约束名："FK_学生_学生"，显示在"选定的关系"列表中。

④ 单击"FK_学生_学生"外键约束名，在其右侧的"属性"窗口中单击"表和列规范"属性，然后，再单击该属性右侧的"   …   "按钮，打开"表和列"对话框。

⑤ 在"表和列"对话框中，修改外键的名称为 FK_学生_班级，选择主键表及表中的主键，以及外键表中的外键，修改后结果如图 4-16 所示。单击"确定"按钮，回到"外键关系"对话框。

⑥ 单击"关闭"按钮，完成外键的设置。

（2）使用 T-SQL 创建外键

使用 T-SQL 命令方式也可以创建外键。在创建新表时同时产生外键约束以及为已经存在的表创建外键约束。

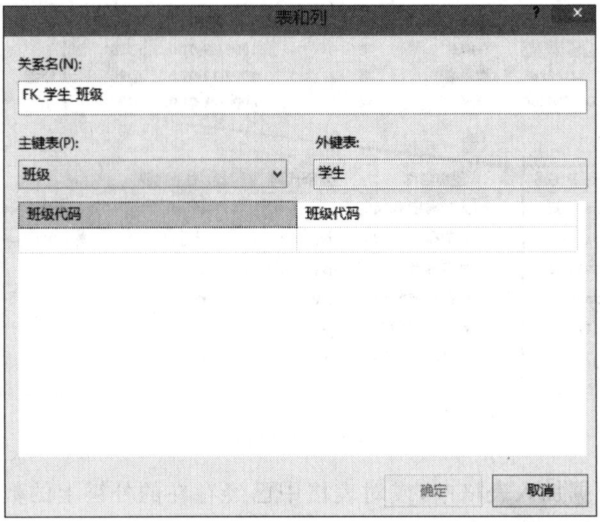

图 4-16 外键的设置

① 创建新表时建立外键约束,语法如下:

```
CREATE TABLE  表名
    (列名   数据类型
      CONSTRAINT   约束名
      FOREIGN KEY REFERENCES   ref_table(ref_column)
      ON   DELETE {CASCADE|NO ACTION}
      ON   UPDATE {CASCADE|NO ACTION}
      NOT FOR   REPLICATION
      [,…N])
```

其中:ref_table 表示主键表名。

ref_column:表示主键的列名

ON DELETE {CASCADE|NO ACTION}

ON UPDATE {CASCADE|NO ACTION}::表示在删除或更新外键相对应的主键所在的
行时,级联删除(cascade)外键所在的行的数据或者不做任何操作 (no action)。

【例 4-19】 创建表 test1,表 test2。在表 test2 中 author_id 字段建立外键约束,参照 test1
中的主键 author_id。代码如下:

```
CREATE TABLE test1
(author_id VARCHAR(20) PRIMARY KEY,
author_name VARCHAR (50),
phone VARCHAR (20),
zipcode CHAR(10)
)

CREATE TABLE test2
( title_id  INT PRIMARY KEY,
  title_name VARCHAR(50),
```

```
author_id VARCHAR (20)
   CONSTRAINT  for_auid
   FOREIGN KEY REFERENCE test1(author_id)
   ON DELETE CASCADE,
   )
```

② 在已经存在的表上创建外键约束。语法如下:

```
ALTER TABLE 表名
ADD  CONSTRAINT 约束名
[FOREIGN KEY]{(列名[,…])}
REFERENCES 参考表名
   [(参考主键列[,…])]
```

【例 4-20】　在 Students 数据库的班级表上,为专业代码字段创建一个外键约束,从而保证输入有效的专业代码。代码如下:

```
ALTER TABLE   班级
ADD CONSTRAINT   fk_zydm   FOREIGN KEY(专业代码)
REFERENCES 专业(专业代码)
GO
```

3. 检查约束(CHECK)

检查约束(CHECK 约束),用于定义列中可接受的数据值或格式。通过逻辑表达式判断输入的值是否正确。如学生的年龄一般在 16 至 25,所以可以写成表达式为:年龄>=16 AND 年龄<=25。如果输入的年龄大于 25 或小于 16 将不能输入。

可以在一列上设置多个核查约束,也可以将一个核查约束应用于多列。

(1) 使用 SQL Server Management Studio (SSMS)方式创建检查约束

在 Students 数据库中,为"学生"表的"性别"列创建检查约束,从而保证在"性别"列的输入值为"男"或"女"。其操作步骤如下:

① 启动 SQL Server Management Studio,在"对象资源管理器"窗口中,依次展开数据库、student、表结点。

② 右键单击"学生"表,在弹出的快捷菜单中选择"设计"选项,弹出表设计器。

③ 右键单击"性别"字段,在弹出的菜单中选择 CHECK 约束选项,如图 4-17 所示。

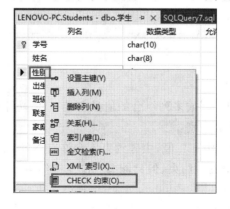

图 4-17　检查约束设置

④ 在"CHECK"对话框中，单击"添加"按钮，同时在对话框的右侧"表达式"栏输入逻辑表达式。在名称栏输入 CHECK 约束名称，如图 4-18 所示，完成后单击"关闭"按钮，并保存。

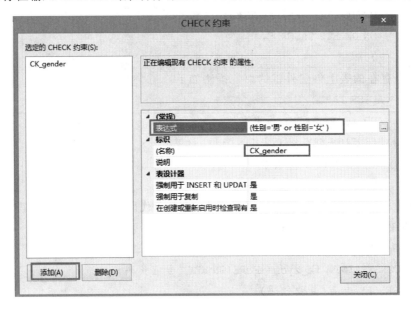

图 4-18　CHECK 约束设置

（2）T-SQL 方式

① 在创建表的同时建立检查约束。语法如下：

```
CREATE   TABLE   表名
列名 数据类型及长度 列属性
CHECK  （约束表达式）
```

② 使用 T-SQL 语句为已存在的表创建检查约束，其语法格式如下：

```
ALTER   TABLE   表名
ADD   CONSTRAINT 检查约束名
CHECK  （约束表达式）[,…N]
```

【例 4-21】 在 Students 数据库中，为学生表的出生日期列创建一个检查约束，以保证输入的日期数据大于 1985 年 1 月 1 日而小于当天的日期。

```
ALTER   TABLE 学生
ADD CONSTRAINT ck_csrq
CHECK(出生日期＞'01/01/1985' AND 出生日期＜GETDATE())
GO
```

4. 唯一约束（UNIQUE）

唯一约束指在非主键的一列或多列组合的值具有唯一性，防止输入重复的值，确保数据完整性。唯一约束与主键约束的区别：

① 唯一约束的值可以有 NULL 值，主键约束不允许有 NULL 值。

② 一个表中可以有多个唯一约束，但只能有一个主键约束。

唯一约束创建方式：

① 使用 SQL Server Management Studio（SSMS）方式

② T-SQL 方式

（1）使用 SQL Server Management Studio(SSMS)方式为系部表的系部名称字段建立唯一约束的步骤如下：

① 在"对象资源管理器"窗口中，依次展开数据库、Student、表结点，右键单击"系部"表，在弹出的快捷菜单中单击"设计"命令，打开"表设计器"对话框。在"表设计器"中，右键单击任意字段，在弹出的快捷菜单中选择"索引/键"命令，打开"索引/键"对话框，如图 4-19 所示。

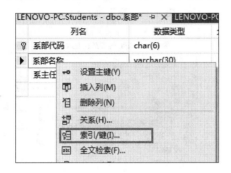

图 4-19　建立约束选择项

② 单击"添加"命令按钮，系统给出系统默认的唯一约束名："IX_系部"，显示在"选定的主/唯一或索引"列表框中，单击选中唯一约束名"IX_系部"，在其右侧的"属性"窗口中，可以修改约束名称，设置约束列等，如图 4-20 所示。

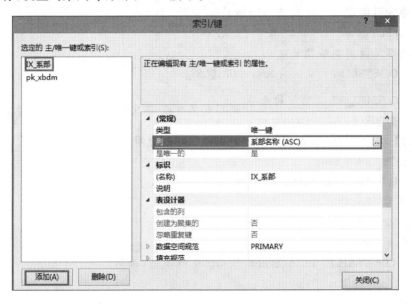

图 4-20　唯一约束列选择

③ 单击"属性"窗口中"常规"中的"列"属性，在其右侧出现"…"按钮，单击该按钮，打开"索引列"对话框，在列名下拉列表框中选择"系部名称"，在排序顺序中选择"降序"，设置创建唯一约束的列名，如图 4-21 所示。

④ 设置完成后，单击"确定"按钮，回到"索引/键"对话框，修改"常规"属性中"是唯一的"属性值为"是"，最后，关闭"索引/键"对话框和"表设计器"对话框，保存设置，完成唯一约束创建。如图 4-22 所示，设置系部名称为唯一约束。

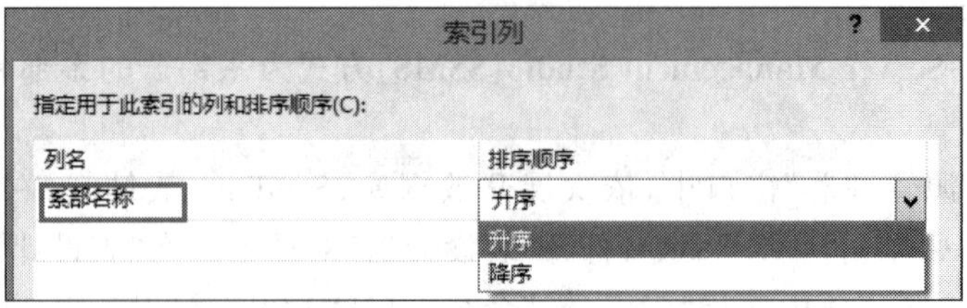

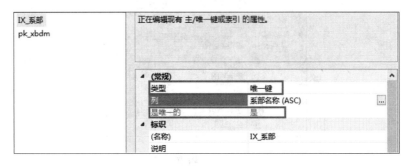

图 4-21   设置唯一约束

图 4-22   唯一约束设置完成界面

(2) 使用 **T-SQL** 语句创建唯一约束,可以在新建表时创建唯一约束,也可以在已经存在的表上建立唯一约束。

(1)新建表时创建唯一约束的语法如下:

CREATE TABLE 表名

（ 列名   数据类型及长度

　　　[CONSTRAINT　唯一约束名　UNIQUE] } 定义列级 UNIQUE 约束

　　　[CONSTRAINT　　唯一约束名

　　　UNIQUE(列名[,…N])] } 定义表级 UNIQUE 约束

【例 4-22】   新建表 test,在表的类型与时间字段建立唯一约束 uniq_event。

```
CREATE TABLE test
（  编号 INT  CONSTRAINT PR_bh PRIMARY KEY,
    名称 char(20),
    类型 char(20),
    时间  datetime,
    CONSTRAINT  uniq_event  UNIQUE  (类型,时间)
 )
    GO
```

(2)为存在的表创建唯一约束。其语法如下:

```
ALTERTABLE  表名
ADD CONSTRAINT 唯一约束名
UNIQUE [CLUSTERED|NONCLUSTERED] {(列名[,…n])}
```

【例 4-23】   在 Students 数据库中,为"民族"表中的"民族名称"字段创建一个唯一约束。其代码如下:

```
ALTER  TABLE 民族
```

```
ADD CONSTRAINT uk_mzmz
UNIQUE    NONCLUSTERED（民族名称）
GO
```

4.4　数据表中的数据操作

关系数据库中表是用来存储数据的,数据用表格的形式显示,每一行称为一条记录,每一条记录由多个字段(field)组成。用户可以对表进行插入、删除、更新等操作,完成表中数据的管理。

4.4.1　数据添加

使用 INSERT 语句可以把数据添加到表中,INSERT 插入数据时有两种方式:插入单行数据(使用关键字 VALUES)和插入多行数据(使用关键字 SELECT)。

1. 使用 INSERT 语句插入单行数据

使用 INSERT 语句一次插入一行数据是最常用的数据添加方法。

INSERT 语句基本语法格式如下:

```
INSERT  ［INTO］  ＜表名＞  ［＜字段名列表＞］
VALUES（值列表）
```

＜字段名列表＞中各个字段之间用逗号隔开,＜值列表＞中各个值之间也用逗号隔开。

在插入数据的时候,需要注意以下事项:

- 值列表与字段名列表中的各项是一一对应的,每个数据值的数据类型也必须与对应字段匹配。
- INSERT 语句不能为标识列指定值,因为其中数据是由系统自动生成的。
- 对于非数值型数据需用单引号括起来。
- 有约束的字段,输入内容必须满足约束条件。
- 对于不允许为空的字段,必须要输入内容,允许为空的字段可以用 NULL 代替。
- 有默认值的字段,如果没有添加数据,系统会自动插入默认值。
- 如果＜字段名列表＞省略,则对表中所有列插入数据。

【例 4-24】 向"教材表"插入一行数据。代码如下:

```
INSERT INTO 教材（教材编码,教材名称,出版商名称）
VALUES（'2008001','SQL Server','北京邮电大学'）
```

由于本例是对表中所有列插入数据,所以也可改为:

```
INSERT INTO 教材
VALUES（'2008001','SQL Server','北京邮电大学'）
```

注意:只有当填入数据的数量、顺序都与基本表中字段一一对应的时候,才可以省略字段名列表。

【例 4-25】 向"教材表"插入一行数据,但出版商名称未定,暂不录入数据。代码如下:

```
INSERT INTO 教材（教材编码,教材名称）
VALUES（'2008002','Java 程序设计'）
```

本例中,系统会把出版商名称用 NULL 来代替。

2. 使用 INSERT 语句插入多行数据

如果需要把其他表中的多条记录添加到当前表中,可以在插入数据时通过 INSERT SE-LECT 语句可以实现将 SELECT 查询语句的结果集添加到当前表中,格式如下:

```
INSERT［INTO］＜当前表名＞［＜字段名列表＞］
SELECT ＜字段名列表＞
FROM 源表名［, … N］
［WHERE 逻辑表达式］
```

其中 SELECT 查询语句的结果集中每个字段必须要有列名,如果无列名必须声明别名。

【例 4-26】 新建一表,其名为"教材副表",表结构完全与"教材表"相同。将"教材表"中出版商为北京邮电大学的记录插入该表中。代码如下:

```
SELECT * INTO 教材副表 FROM 教材 WHERE 1 = 2        //建立空表
GO
INSERT INTO 教材副表(教材编码,教材名称,出版商名称)
SELECT *
FROM 教材 WHERE 出版商名称 = '北京邮电大学'
GO
```

注意:本例中,为了建一张空表,用到查询条件"WHERE 1＝2"永远不成立,这是一个常用方法。

在本例中,也可以把 INSERT 语句改为以下语句:

```
INSERT INTO 教材副表
SELECT *
FROM 教材 WHERE 出版商名称 = '北京邮电大学'
GO
```

注意:使用这种方法一定要杜绝表中有标识列的情况,因为 INSERT 语句不能为标识列指定值,系统会提示错误。

4.4.2 数据的更新

在实际应用中,数据库中的某些数据需要调整,如院系代码、成绩、学生姓名等,这时需要对表中的数据进行修改。与在对象资源管理器中打开表直接修改相比,通过 UPDATE 语句可以实现数据的修改。修改语句可以分为普通 UPDATE 和子查询 UPDATE 和关联 UP-DATE。

1. 普通 UPDATE 语句

UPDATE 语句基本语法格式如下:

```
UPDATE 表名
SET ｛字段名 = 表达式 | NULL | DEFAULT｝［, …N］
［WHERE 逻辑表达式］
```

其中:

表名:需修改的表的名称

字段名 ＝ 表达式｜NULL｜DEFAULT:指修改指定字段的值

【例 4-27】　现在需要把教材表中的出版商名称是北京邮电大学修改为北京邮电大学出版社。代码如下:

UPDATE 教材副表 SET 出版商名称 ＝'北京邮电大学出版社' WHERE 出版商名称 ＝'北京邮电大学'

数据修改前后对照如图 4-23 和图 4-24 所示。

教材编码	教材名称	出版商名称
2018001	SQL Server	北京邮电大学

教材编码	教材名称	出版商名称
2018001	SQL Server	北京邮电大学出版社

图 4-23　没有修改前数据　　　　　　图 4-24　修改后的数据

2. 子查询 UPDATE 语句

有时在修改表中数据的时候,需要使用其他表中的数据作为数据来源,此时就可用 UPDATE 子查询语句。

UPDATE 表名

SET 〔字段名 ＝ 表达式｜NULL｜DEFAULT〕〔,…N〕

〔WHERE 字段名 比较运算符 ＜SELECT 子查询＞〕

【例 4-28】　修改选课表中是数据库基础的所有课程号学分为从 4 改为 3。代码如下:

UPDATE 选课

SET 学分＝3

WHERE 课程号 ＝(SELECT 课程号 FROM 课程 WHERE 课程名称 ＝'数据库基础')

3. 关联 UPDATE 语句

有时在使用需要用其他表的值来修改当前表的内容,此时就可用关联 UPDATE。

UPDATE 表名

SET 〔字段名 ＝ 表达式｜NULL｜DEFAULT〕〔,…N〕

〔FROM 源表名 〔,…N〕〕

〔WHERE 逻辑表达式〕

【例 4-29】　用"选课表"中的成绩来修改"成绩表"中的期末成绩。代码如下:

UPDATE 成绩

SET 期末成绩 ＝b.成绩

FROM 成绩 a,选课 b

WHERE a.课程号 ＝b.课程号

4.4.3　数据的删除

在数据库的运行与维护过程中,经常会对一些已经没有价值的过期数据进行清理,删除是必不可少的操作。数据删除是指删除整行数据,而不是删除某条记录的某字段。在 SQL 语句中,数据可以通过 DELETE 语句来删除,也可用 TRUNCATE TABLE 命令删除。

1. 普通 DELETE 语句

DELETE 语句基本语法格式如下:

DELETE　FROM 表名

〔WHERE 逻辑表达式〕

当省略 WHERE 语句时,将删除表中所有的行。

【例 4-30】 将"教材表"中的出版商名称为水利水电出版社的删除。代码如下:

```
DELETE  FROM 教材 WHERE 出版商名称 = '水利水电出版社'
GO
```

注意:如果删除的数据就直接来源于后面声明的基本表,可以省略 FROM 命令。

【例 4-31】 删除"教材"表中的所有记录。代码如下:

```
DELETE 教材
```

2. 关联 DELETE 语句

在部分删除数据的任务中,需要使用其他表中的数据作为条件依据,此时就可用关联 DE-LETE。

语法格式如下:

```
DELETE  表名
[FROM 源表名  [, … N ]]
[WHERE 逻辑表达式 ]
```

【例 4-32】 将"选课"表中的学分字段值小于课程表中学分的课程删除。代码如下:

```
DELETE 选课
FROM 选课 a,课程 b
WHERE a.课程号 = b.课程号 AND a.学分 < b.学生
```

3. 子查询的 DELETE 语句

【例 4-33】 找出课程号在"选课"表中而又不在"课程"表中的记录给予删除。代码如下:

```
DELETE 选课
WHERE 课程号 NOT IN (SELECT 课程号 FROM 课程)
```

4. TRUNCATE TABLE 语句

当需要快速清除某表的全部数据时,可以用 TRUNCATE 命令。TRUNCATE 命令可以将表中所有数据删除,但是并不删除基本表,表的基本结构还存在。

语法格式如下:

```
TRUNCATE  TABLE 表名
```

【例 4-34】 清空"教材"表。代码如下:

```
TRUNCATE  TABLE 教材
```

拓 展 练 习

1. 在"学生管理"数据库中创建学生表,以学生表为蓝本,向表中添加新数据,并练习修改与删除数据操作。

(1) 向学生表中添加两条新记录。

学号	姓名	性别	年龄	专业	班级代码
201303015	张新	男	20	软件设计	rj2013
201303016	王军	男	21	软件设计	rj2013

（2）将所有年龄小于 20 岁的同学信息添加到新表"低龄同学"中。

- 将不同类型的数据添加到基本表中。
- 通过查询命令 INTO 子句实现向表中添加多条数据。

单条数据的添加唯一需要注意的就是数据要和字段一一对应。而通过查询添加多条数据，则需要注意查询语句的准确性以及检索出来的数据与基本表结构的吻合度。

2. 修改"学生管理"数据库中的数据，将班级代码为 rj2013 的专业修改为"软信服务"

- 按条件修改数据的方法。
- 子查询修改数据的方法。

单表修改唯一需要注意的就是条件的准确，防止出现错误操作。子查询修改要注意的是连接字段的选择。

3. 删除"学生"表中"王军"同学的相关信息。

- 删除条件的准确性。

数据一旦删除很难恢复，所以一定要保证删除数据的准确性。

本 章 小 结

本章主要介绍数据库技术中对数据表的创建及其管理。表的创建与管理有两种方式：

（1）使用 SQL Server Management Studio 图像工具。

（2）使用 T-SQL 命令方式。

数据完整性是指存储在数据库中的数据的一致性和准确性。其类型有：

（1）域完整性。

（2）实体完整性。

（3）参照完整性。

约束是数据完整性的主要方法，主要有检查约束、主键约束、外键约束、唯一约束等。

本 章 习 题

一、选择题

1. 以下关于外键与相应主键之间的关系，正确描述的是（　　）。

　　A. 外键并不一定与相应的主键同名

　　B. 外键一定要与相应的主键同名

　　C. 外键一定要与相应的主键同名且唯一

　　D. 外键一定要与相应的主键同名，但不一定唯一

2. 何种情况下，INSERT 语句可以省略目标字段（　　）。

　　A. 何种情况下都可以　　　　　　B. 何种情况都不可以

　　C. 添加的数据与表中原始字段一一对应　D. 只填写一列的时候

3. TRUNCATE TABLE 语句的功能是(　　　)。

    A. 删除表　　　　　　　　　　　B. 删除表中所有数据

    C. 删除符合条件的数据　　　　　　D. 都不对

4. 限制输入列的取值范围,应使用(　　　)约束。

    A. CHECK　　　　B. PRIMARY KEY　C. FOREIGN KEY　D. UNIQUE

5. 如果添加数据对应的字段包含默认值,则下列说法正确的是(　　　)。

    A. 如果没有向目标列中添加数据,则自动添加默认值

    B. 如果没有向目标列中添加数据,则填入 NULL

    C. 即使向目标列中添加数据,系统也是填入默认值

    D. 都不对

二、填空题

1. INSERT 语句不能为＿＿＿＿＿＿＿列添加数据,由系统生成。

2. 添加数据的过程中,如果数据不是数值型的,需要用＿＿＿＿＿＿＿符号括起来。

3. 在 T-SQL 语法中,用来插入和更新数据的命令是＿＿＿＿＿＿＿和＿＿＿＿＿＿＿。

4. 数据的操作主要包括数据库表中数据的添加、＿＿＿＿＿＿＿、＿＿＿＿＿＿＿和查询操作。

5. 用来声明删除或修改数据条件的子句是＿＿＿＿＿＿＿。

第5章　数据库表查询

本章解决问题

如果数据库已经建立起来同时也通过数据表操作在表中建立了数据,这时,最关键的任务就是使用数据表中的数据为用户服务。其中最重要的操作就是要查询数据表中的数据,使用户知晓具体的数据信息。本章将要解决的如何从数据库表中获得用户需要的数据信息。

本章导航

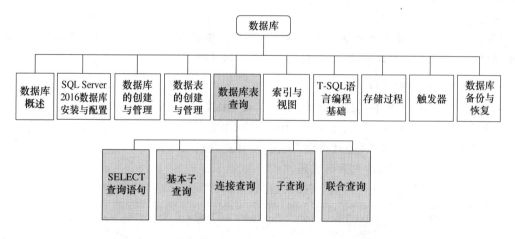

知识目标

➤ 掌握 SQL 查询语句基本结构。
➤ 掌握正确选择查询的各种不同使用方式。

能力目标

➤ 掌握选择查询的基本方式。
➤ 掌握使用汇总方式查询和统计数据的方法。
➤ 掌握使用连接方法查询多表数据的方法。
➤ 掌握子查询等特殊查询方法。

5.1　SELECT 查询语句

数据查询是数据库的核心操作,其功能是指根据用户的需要从数据库中提取所需数据,通过 SQL 的数据操纵语言 SELECT 语句可以实现数据库数据的查询。SELECT 语句是 SQL 中用途最广泛的一条语句,具有灵活的使用方式和丰富的功能。

1. SELECT 语法格式

一个完整的 SELECT 语句包括 SELECT、FROM、WHERE、GROUP BY 和 ORDER BY 子句。它具有数据查询、统计、分组和排序的功能。它的语法及各子句的功能如下。

SELECT [ALL | DISTINCT][TOP n][<目标字段表达式>[,…n]]

[INTO <新表>]

FROM <表名或视图名>[,<表名或视图名>[…n]]

WHERE <条件表达式>]

GROUP BY<字段名 1>[HAVING <条件表达式>]]

ORDER BY<字段名 2>[ASC | DESC]];

功能:

从指定的基本表或视图中,选择满足条件的元组数据,并对它们进行分组、统计、排序和投影,形成查询结果集。

注意:

SELECT 和 FROM 语句为查询语句的必选子句,而其他子句为可选子句。INTO <新表> 用于指定使用结果集来创建新表,<新表>指定新表的名称。

2. SELECT 语句的执行

在 SQL Server 2016 中,使用 SSMS 提供的查询编辑器,可以编辑和运行查询代码。

(1) 启动 SQL Server Management Studio(SSMS)。

(2) 在快捷菜单上,单击"新建查询"按钮,打开查询编辑器。

(3) 在查询编辑器中,输入查询代码。

(4) 代码编辑完成后,单击"执行"按钮,完成查询。

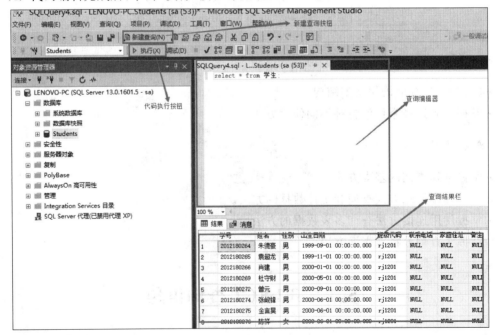

图 5-1　SSMS查询编辑器执行查询界面

5.2　基本子句查询(简单查询)

基本子句一般应用在一个表或视图中查询数据,SELECT 语句的基本子句有以下类型。

5.2.1　SELECT 子句

SELECT 子句用于指定返回数据表中的列值,其语法格式如下:

SELECT [ALL | DISTINCT][TOP n][<目标字段表达式>[,…n]]

作用:该子句用于指明查询结果集的目标字段,<目标字段表达式>是指查询结果集中包含的字段名,可以是直接从基本表或视图中投影得到的字段,也可以是与字段相关的表达式或数据统计的函数表达式,目标字段还可以是常量。其中

- DISTINCT 表示要去掉重复的元组
- ALL 表示所有满足条件的元组
- TOP 表示只显示结果集的前多少行,n 是对行数的说明。
- 省略<目标字段表达式>表示结果集中包含<表名或视图名>中的所有字段,此时<目标字段表达式>使用"＊"代替。

如果目标字段中使用了两个基本表或与视图中相同的字段名,要在字段名前加上表名限定,即使用"<表名>.<字段名>"表示。

1. 输出表中全部列的值

【例 5-1】　查询"系部"表中的所有行和列数据。

在【查询编辑器】中执行如下代码:

USE Students;

SELECT ＊ FROM 系部;

GO

执行结果如图 5-2 所示,将系部表的数据行信息全部显示出来。

2. 输出表中部分列的值

【例 5-2】　查询"成绩"表中的学号、课程号和成绩信息。代码如下:

USE Students;

SELECT 学号,课程号,期末成绩 FROM 成绩;

GO

执行结果如图 5-3 所示。

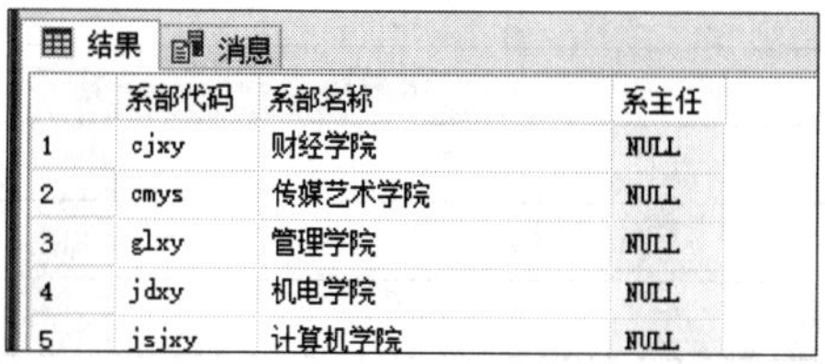

图 5-2　所有系部数据信息结果

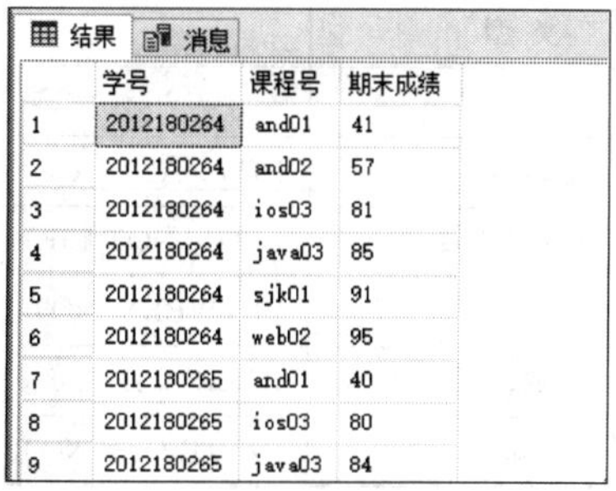

图 5-3　查询成绩表中部分列信息

3. 消除取值重复的行

在图 5-3 中，看到了一名学生有几门功课的成绩，如果仅仅想看到某个学生是否参加考试，只需要查看学号。

【例 5-3】 查询“成绩”表中的学号信息。代码如下：

```
USE Students;
SELECT DISTINCT 学号 FROM 成绩;
GO
```

执行结果如图 5-4 所示。

4. 限制返回行数

如果一个表中有大量的数据，而用户仅仅需要前面部分数据，这时可以通过 top *n* 关键字查询起那面 *n* 条记录，或 *n* percent 查询前面 *n*%条记录。

【例 5-4】 查询系部表前 4 条记录。代码如下：

```
USE Students;
SELECT TOP 4 * FROM 系部;
GO
```

执行结果如图 5-5 所示。

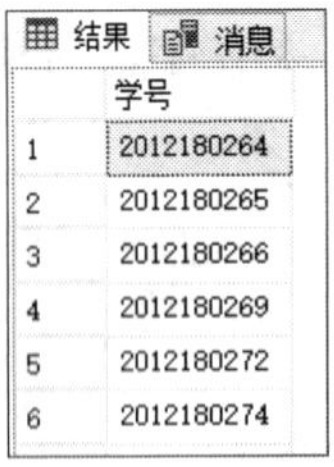

	学号
1	2012180264
2	2012180265
3	2012180266
4	2012180269
5	2012180272
6	2012180274

图 5-4 使用 distinct 显示唯一学号记录

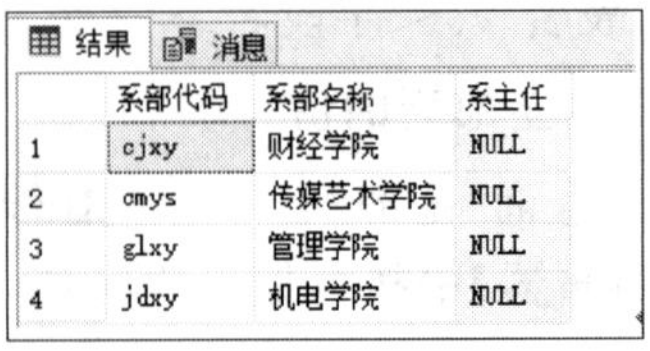

	系部代码	系部名称	系主任
1	cjxy	财经学院	NULL
2	cmys	传媒艺术学院	NULL
3	glxy	管理学院	NULL
4	jdxy	机电学院	NULL

图 5-5 使用 top 显示系部表结果

5.2.2 WHERE 子句

当需要获得满足一定条件的特定记录时，可以通过 WHERE 子句设定条件值，限制返回结果。WHERE 子句语法格式如下：

```
WHERE 查询条件表达式
```

其中查询条件表达式的设置比较灵活，可以使用的条件包括比较运算、逻辑运算、范围、模糊匹配以及未知值。表 5-1 是条件表达式类型。

表 5-1 条件类型与运算符

类型	运算符
关系运算	=、<、>、<=、>=、<>、! >、! <、! =
逻辑运算	NOT、AND、OR
字符串比较	LIKE、NOT LIKE
值得范围	BETWEEN、NOT BETWEEN
列的范围	IN、NOT IN
未知值	IS NULL、IS NOT NULL

1. 关系运算

【例 5-5】　查询成绩表中学号为 2012180264 的学生的成绩。代码如下：

USE Students；

SELECT ＊ FROM 成绩 WHERE 学号 = 2012180263；

GO

执行如下代码后结果如图 5-6 所示。

	学号	课程号	期末成绩	平时成绩
1	2012180264	and01	41	81
2	2012180264	and02	57	97
3	2012180264	ios03	81	91
4	2012180264	java03	85	95
5	2012180264	sjk01	91	91
6	2012180264	web02	95	95

图 5-6　WHERE 条件的结果集

注意：引用数值类型是 CHAR、VARCHAR、TEXT、DATATIME、SMALLDATATIME 列的值时，需要使用单引号括住。

【例 5-6】　在学生表中查询姓名为"朱德豪"的学生。代码如下：

USE Students；

SELECT ＊ FROM 学生 WHERE 姓名 = '朱德豪'；

GO

执行结果如下：

	学号	姓名	性别	出生日期	班级代码	联系电话
1	2012180264	朱德豪	男	1999-09-01 00:00:00.000	rj1201	NULL

图 5-7　查询某个学生结果

2. 使用逻辑表达式

多重条件查询时，可以使用逻辑运算符 AND、OR、NOT 连接多个查询条件。

【例 5-7】　在成绩表中查询期末成绩和平时成绩都大于 80 的学生。代码如下：

USE Students；

SELECT ＊ FROM 成绩 WHERE 期末成绩＞80 AND 平时成绩＞80；

GO

执行结果如图 5-8 所示。

	学号	课程号	期末成绩	平时成绩
1	2012180264	ios03	81	91
2	2012180264	java03	85	95
3	2012180264	sjk01	91	91
4	2012180264	web02	95	95
5	2012180265	java03	84	94
6	2012180265	sjk01	90	100
7	2012180265	web02	94	94

图 5-8　逻辑表达式的比较查询结果

3. 字符串比较(模糊匹配)

在进行数据查询时,有时候需要使用模糊查询,也就是查找数据库中与用户输入关键字相近或部分匹配的记录。语法格式是:

表达式 [NOT]LIKE <模糊字符串>

其中<模糊字符串>可以包含表 5-2 所示的通配符。

表 5-2　通配符

符号	含义	例子
%(百分号)	表示从 0~N 个任意字符	LIKE 'AB%':表示以 AB 开始的任意字符串
_(下划线)	表示单个的任意字符	LIKE'_AB':表示以任意字符开始,以 AB 字符结束的包含三个字符的字符串
[ ](封闭方括号)	表示方括号中列出的任意字符	LIKE'[AB]%':表示以 A 或 B 开始的任意字符串
[^]	表示任意一个没有在方括号中列出的字符	LIKE'[^AB]%':表示不以 A 或 B 开始的任意字符串

【例 5-8】　在课程表中查询以基础结尾的课程名称。代码如下:

USE Students;

SELECT * FROM 课程 WHERE 课程名称 LIKE '% 基础';

GO

执行结果如图 5-9 所示。

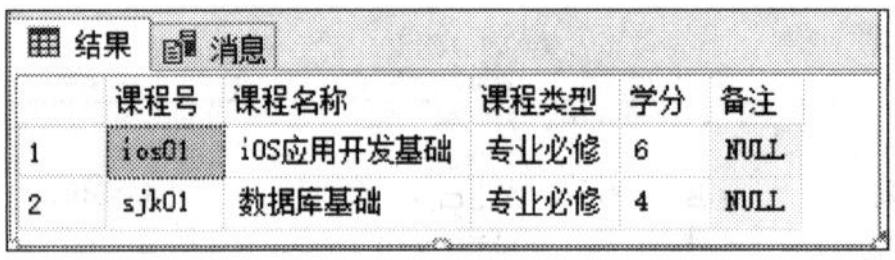

图 5-9　LIKE 表达式查询结果

4. 搜索范围[NOT]BETWEEN ……AND

使用关键字[NOT]BETWEEN AND 表示查询结果条件介于(或不介于)两个值之间。

【例 5-9】　查询成绩表中期末成绩在 90~100 分之间的学生。代码如下:

USE Students;

SELECT * FROM 成绩 WHERE 期末成绩 BETWEEN 90 AND 100 ;

GO

执行代码结果如图 5-10 所示。

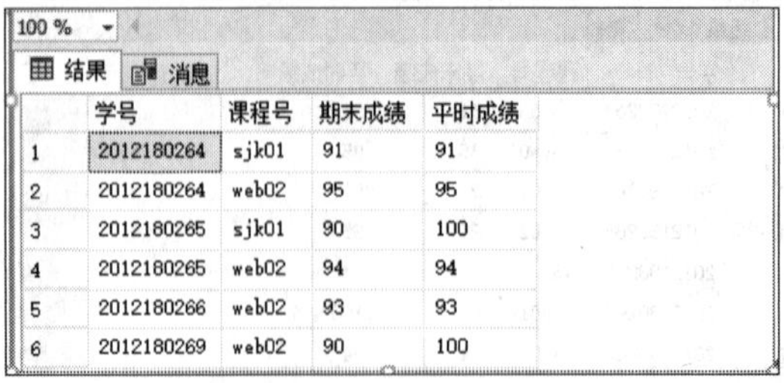

图 5-10　搜索范围执行结果

5. 使用[NOT]IN 关键字

IN 的引入是为了更方便地限制检索数据的检索范围,与 BETWEEN 关键字类似。使用 IN 可以通过简洁的语句实现复杂的查询。IN 关键字语法如下:

表达式［NOT］IN（值 1、值 2、……值 n）

IN 标识表达式的值在(或不在)列出的值范围内。

【例 5-10】 在成绩表中查询期末成绩在 60、70、80、90、100 取值的学生。代码如下:

USE Students;

SELECT * FROM 成绩 WHERE 期末成绩 IN(60,70,80,90,100);

GO

执行代码结果如图 5-11 所示。

	学号	课程号	期末成绩	平时成绩
1	2012180265	ios03	80	100
2	2012180265	sjk01	90	100
3	2012180269	java03	80	100
4	2012180269	web02	90	100
5	2012180275	ios03	80	100

图 5-11 使用 IN 关键字查询成绩信息

5.2.3 对查询结果进行排序

数据查询过程中,有时需要把查询结果按照一定的顺序排列。使用 ORDER BY 子句能够使查询结果的某些列按照一定的方式进行排序(升序或降序)输出。其子句的语法格式是:

ORDER BY 列名称表［ASC｜DESC］

其中:

(1) 列名称表指定需要排序的列,可以是一列,也可以是多列。排序顺序是按照第一列开始排序,如果该列有重复值得时候,按照第二列的顺序排列,依次类推。

(2) ASC:指定查询结果按照升序方式排列。如果没有指定排序方式,默认就是升序。

(3) DESC:排序结果按照降序方式排列。

【例 5-11】 查询成绩表中的期末成绩,按照降序排列结果。代码如下:

USE Students;

SELECT * FROM 成绩 ORDER BY 期末成绩 DESC 平时成绩;

GO

执行结果如图 5-12 所示。

学号	课程号	期末成绩	平时成绩
2012180618	web02	91	91
2012180628	web02	91	91
2012180624	sjk01	91	91
2012180648	web02	91	91
2012180644	sjk01	91	91
2012180638	web02	91	91
2014180048	web02	91	91
2014180034	sjk01	91	91
2014180045	sjk01	90	100
2014180025	sjk01	90	100
2014180015	sjk01	90	100

图 5-12 使用 order 子句排序执行结果

注意: 在上面排序语句中第一排序是期末成绩,排序顺序是降序。第二排序是平时成绩,默认是升序。

5.2.4 把查询结果放置在新表中

在实际应用中,需要将查询的结果保存到一个新表中。新表的列由 SELECT 子句中指定的列构成。通过 INTO 子句实现新表的生成。INTO 子句的语法格式如下:

```
INTO 新表名
```

【例 5-12】 把学生表中班级代码为"rj1201"的学生选择出来,生成 rj1201 表。代码如下:

```
USE Students;
SELECT 学号,姓名 INTO rj1201 FROM 学生 WHERE 班级代码 = 'rj1201' ;
GO
```

执行完代码后,在结果栏中会出现受影响的行数信息,新表 rj1201 随之产生,使用 SE-LECT 语句可以查询 rj1201 新表的内容,如图 5-13 所示。

使用 SELECT ＊ FROM rj1201 语句执行后结果如图 5-14 所示。

图 5-13　查询 rj1201 新表的内容　　　　图 5-14　新表的内容显示

5.2.5 对数据进行统计汇总

在对数据进行查询操作时,经常需要对结果进行统计汇总,如求和、求平均值、记录总数等操作,对数据进行统计汇总操作可以使用聚合函数以及 GROUP BY 子句进行。

1. 聚合函数

SQL Server 2016 提供了许多聚合函数运算,运算的结果可以作为新列出现在结果集中。聚合函数可以增强数据检索功能。

在聚合运算的表达式中,可以包括列名、常量以及算数运算符连接的函数。常用的聚合函数,如表 5-3 所示。

表 5-3　常用的聚合函数

函数名	函数功能
SUM (DISTINCT｜ALL)＜列名＞	返回选取结果集所有值的和
MAX(DISTINCT｜ALL)＜列名＞	返回选取结果集中所有值的最大值
MIN(DISTINCT｜ALL)＜列名＞	返回选取结果集中所有值的最小值
AVG(DISTINCT｜ALL)＜列名＞	返回选取结果集中所有值的平均值
COUNT(DISTINCT｜ALL｜＊)	返回选取结果集中行的数目,＊代表计算所有行的数量,空行也需要计算

其中:DISTINCT 表示在计算时不要重复计算,默认是计算所有的(ALL)值。

【例 5-13】　查询系部的总数。代码如下:

USE Students;

SELECT count(*) AS 系部总数 FROM 系部;

GO

执行结果如图 5-15 所示。

【例 5-14】　查询成绩表期末成绩的平均数。代码如下:

USE Students;

SELECT AVG(期末成绩) AS 平均数 FROM 成绩;

GO

执行结果如图 5-16 所示。

图 5-15　使用 count 函数执行结果　　　图 5-16　使用 AVG 函数执行结果

【例 5-15】　查询成绩表中期末成绩的最高分和最低分。代码如下:

USE Students;

SELECT MAX(期末成绩) AS 最高,MIN(期末成绩) AS 最低 FROM 成绩;

GO

执行结果如图 5-17 所示。

2. GROUP BY 子句

GROUP BY 子句用来对查询的结果进行分组,在使用聚合函数查询的时候,结果集是所有行数据的计算结果,如果需要对某一列或多个列的值进行分组,每一组生成一条结果集记录,需要使用 GROUP BY 子句。

图 5-17　统计最高分与最低分

其语法格式如下:

GROUP BY[ALL]列名列表 [WITH{CUBE ｜ ROLLUP}][HAVING 分组后的筛选条件表达式]

- "BY 列名"按指定的字段进行分组,字段值相同的记录放在一组,每组经汇总后只生产一条记录。
- HAVING 的筛选是对经过分组后的结果集进行筛选,而不是对原始表筛选。
- SELECT 后的字段列表必须是聚合函数或 GROUP BY 子句中的列名。
- WITH CUBE 表示除了 GROUP BY 分组的行以外,还包含汇总行。在查询结果内返回每个组和组合的汇总行。

【例 5-16】　统计学生表中每个班级的学生人数。代码如下:

USE Students;

SELECT 班级代码,count(*) AS 人数 FROM 学生 GROUP BY 班级代码;

GO

执行代码后结果如图 5-18 所示。

【例 5-17】 查询成绩表中期末成绩大于 70 的学生人数超过 50 人的课程。代码如下：

USE Students;

SELECT 课程号,count(*) AS 人数 FROM 成绩　WHERE 期末成绩＞＝70 GROUP BY 课程号
HAVING COUNT(*)＞＝50 ;

GO

执行代码结果如图 5-19 所示。

	班级代码	人数
1	rj1201	36
2	rj1203	41
3	yd1401	25

	课程号	人数
1	ios03	101
2	java03	102
3	sjk01	101
4	web02	102

图 5-18　使用 count 函数执行结果　　　　图 5-19　HAVING 与 GROUP BY 子句结合使用

5.3　连　接　查　询

连接查询是把两个或多个表连接在一起来获取数据,是关系型数据库中最主要的查询。表的连接方式主要包括内连接、外连接和交叉连接等。通过连接运算符可以实现多个表查询。连接是关系数据库模型的主要特点。同时涉及多个表的查询称为连接查询;用来连接两个表的条件称为连接条件。

下表是将使用的表素材,使用数据库 Students 中的学生表、系统表和班级表进行连接操作示例表。

班级表:

班级代码	班级名称	系部代码	专业代码
da1402	大数据技术1402	rjxy	dsjjs
ds1301	大数据技术1301	rjxy	dsjjs
ds1302	大数据技术1302	rjxy	dsjjs
ds1401	大数据技术1401	rjxy	dsjjs
rj1201	软件技术1201	rjxy	rjjs

学生表:

学号	姓名	性别	出生日期	班级代码	联系电话	家庭住址
2012180264	朱德豪	男	1999-09-01 0...	rj1201	NULL	NULL
2012180265	袁超龙	男	1999-11-01 0...	rj1201	NULL	NULL

系部表:

系部代码	系部名称	系主任
cjxy	财经学院	NULL
cmys	传媒艺术学院	NULL
glxy	管理学院	NULL
jdxy	机电学院	NULL
jsjxy	计算机学院	NULL
jzcl	建筑与材料学院	NULL
pxjy	培训与继续教...	NULL
qcgc	汽车工程学院	NULL

5.3.1　内连接(INNER JOIN)

内连接就是把两个表连接在一起,得到两个数据表相匹配的记录,即两者的交集。内连接是最常用的连接方式,它通过比较两表共同拥有的字段,从两个表查找符合连接条件的记录。

内连接一般是通过关系运算符进行比较,使用比较运算符(包括=、>、<、<>、>=、<=、!>和!<)进行表间的比较操作,查询与连接条件相匹配的数据。根据比较运算符不同,内连接分为等值连接和不等连接两种,最常用的就是等值判断。

1. 等值连接

在连接条件中使用等于号(=)运算符,其查询结果中列出被连接表中的所有列,包括其中的重复列。

【例 5-18】　查询学生的学号、姓名和班级名称。代码如下:

```
USE Students;
SELECT 学号,姓名,班级名称 FROM 学生,班级 WHERE 学生.班级代码 = 班级.班级代码;
GO
```

执行结果如图 5-20 所示。

2. 不等连接

在连接条件中使用除等于号之外运算符(>、<、<>、>=、<=、!>和!<)。

【例 5-19】　查询不在班级代码为 rj1201 班级的学生的学号、姓名和班级名称(图 5-21)。代码如下:

```
USE Students;
SELECT 学号,姓名,班级名称 FROM 学生,班级 WHERE 学生.班级代码 = 班级.班级代码 AND
班级.班级代码<>'rj1201';
GO
```

	学号	姓名	班级名称
1	2012180264	朱德豪	软件技术1201
2	2012180265	袁超龙	软件技术1201
3	2012180266	肖建	软件技术1201
4	2012180269	杜守财	软件技术1201
5	2012180272	曾元	软件技术1201
6	2012180274	张峻锋	软件技术1201

图 5-20　等值连接的操作结果

学号	姓名	班级名称
2012180644	胡志成	软件技术1203
2012180645	蒋甜甜	软件技术1203
2012180646	毛敏	软件技术1203
2012180647	张巧	软件技术1203
2012180648	冉靖	软件技术1203
2014180010	李纯康	移动应用1401
2014180013	李洪霞	移动应用1401
2014180015	熊宇豪	移动应用1401
2014180016	夏康	移动应用1401
2014180017	王明华	移动应用1401

图 5-21　不等连接查询

5.3.2　外连接(OUTER JOIN)

外连接就是在执行结果集中包含有 from 子句中指定的至少一个表或视图的所有满足 WHERE 选择或 HAVING 条件限定的行。

外连接分为左连接(LEFT JOIN)或左外连接(LEFT OUTER JOIN)、右连接(RIGHT JOIN)或右外连接(RIGHT OUTER JOIN)、全连接(FULL JOIN)或全外连接(FULL OUT-

ER JOIN)。一般就简单地称为:左连接、右连接和全连接。

1. 左连接

左外连接就是以连接表的左表为主表,对左边表不加限制。查询结果集中返回左表中的所有行,如果左表中的行在右表中没有匹配行,则结果中右表中的列返回空值 null。语法格式如下:

SELECT 字段列表

FROM 表 1 LEFT [OUTER] JOIN 表 2

ON 表 1.列名 1 = 表 2.列名 2

【例 5-20】 查询所有学生的班级信息。代码如下:

USE Students;

SELECT * FROM 学生 left join 班级 ON 学生.班级代码 = 班级.班级代码;

GO

执行结果如图 5-22 所示。

	学号	姓名	性别	出生日期	班级代码	联系电话	家庭住址	备注	班级代码	班级名称	系部代码	专业代码	备注
70	2012180641	周雪	女	1997-10-01 00:00:00.000	rj1203	NULL	NULL	NULL	rj1203	软件技术1203	rjxy	rjjs	NULL
71	2012180642	杨田吕	男	1997-11-01 00:00:00.000	rj1203	NULL	NULL	NULL	rj1203	软件技术1203	rjxy	rjjs	NULL
72	2012180643	黄程	男	1997-12-01 00:00:00.000	rj1203	NULL	NULL	NULL	rj1203	软件技术1203	rjxy	rjjs	NULL
73	2012180644	胡志成	男	1998-01-01 00:00:00.000	rj1203	NULL	NULL	NULL	rj1203	软件技术1203	rjxy	rjjs	NULL

图 5-22 左连接操作结果图

提示:左连接显示左表全部行,以及右表中与左表相同行。

2. 右连接

与左连接相反,返回右表中的所有行;对那些在右表中有数据,而在左表中找不到匹配的行,此时会将右表的数据放在结果集中,对应左表中的值将以 NULL 值(空值)来代替。语法格式如下:

SELECT 字段列表

FROM 表 1 RIGHT [OUTER] JOIN 表 2

ON 表 1.列名 1 = 表 2.列名 2

【例 5-21】 查询所有班级代码中的学生信息。代码如下:

USE Students;

SELECT * FROM 学生 right join 班级 ON 学生.班级代码 = 班级.班级代码;

GO

执行结果如图 5-23 所示。

	学号	姓名	性别	出生日期	班级代码	联系电话	家庭住址	备注	班级代码	班级名称	系部代码	专业代码	备注
1	NULL	NULL	NULL	NULL	NULL	NULL	NULL	NULL	da1402	大数据技术1402	rjxy	dsjjs	NULL
2	NULL	NULL	NULL	NULL	NULL	NULL	NULL	NULL	ds1301	大数据技术1301	rjxy	dsjjs	NULL
3	NULL	NULL	NULL	NULL	NULL	NULL	NULL	NULL	ds1302	大数据技术1302	rjxy	dsjjs	NULL
4	NULL	NULL	NULL	NULL	NULL	NULL	NULL	NULL	ds1401	大数据技术1401	rjxy	dsjjs	NULL
5	2012180264	朱德豪	男	1999-09-01 00:00:00.000	rj1201	NULL	NULL	NULL	rj1201	软件技术1201	rjxy	rjjs	NULL
6	2012180265	袁超龙	男	1999-11-01 00:00:00.000	rj1201	NULL	NULL	NULL	rj1201	软件技术1201	rjxy	rjjs	NULL
7	2012180266	肖建	男	2000-01-01 00:00:00.000	rj1201	NULL	NULL	NULL	rj1201	软件技术1201	rjxy	rjjs	NULL
8	2012180269	杜守财	男	2000-05-01 00:00:00.000	rj1201	NULL	NULL	NULL	rj1201	软件技术1201	rjxy	rjjs	NULL

图 5-23 右连接操作结果图

提示：右连接恰好与左连接相反，显示右表全部行，以及左表中与右表相同行。

3. 全连接

全连接返回左表和右表中的所有行。当某行在另一表中没有匹配行，则另一表中的列返回空值，就是将左、右连接的结果合并。结果集中除了有内连接的结果外，还包含左、右外连接中不满足连接条件的记录，在左、右表的相应列上以 NULL 值来代替那无法匹配的那部分值。语法格式如下：

SELECT 字段列表

FROM 表 1 FULL［OUTER］JOIN 表 2

ON 表 1.列名 1 = 表 2.列名 2

【例 5-22】　查询所有学生与班级信息。代码如下：

USE Students；

SELECT * FROM 　学生 FULL join 班级 ON 学生.班级代码 = 班级.班级代码；

GO

操作结果如图 5-24 所示。

	学号	姓名	性别	出生日期	班级代码	联系电话	家庭住址	备注	班级代码	班级名称	系部代码	专业代码	备注
1	NULL	NULL	NULL	NULL	NULL	NULL	NULL	NULL	da1402	大数据技术1402	rjxy	dsjjs	NULL
2	NULL	NULL	NULL	NULL	NULL	NULL	NULL	NULL	ds1301	大数据技术1301	rjxy	dsjjs	NULL
3	NULL	NULL	NULL	NULL	NULL	NULL	NULL	NULL	ds1302	大数据技术1302	rjxy	dsjjs	NULL
4	NULL	NULL	NULL	NULL	NULL	NULL	NULL	NULL	ds1401	大数据技术1401	rjxy	dsjjs	NULL
5	2012180264	朱德豪	男	1999-09-01 00:00:00.000	rj1201	NULL	NULL	NULL	rj1201	软件技术1201	rjxy	rjjs	NULL
6	2012180265	袁超龙	男	1999-11-01 00:00:00.000	rj1201	NULL	NULL	NULL	rj1201	软件技术1201	rjxy	rjjs	NULL
7	2012180266	肖建	男	2000-01-01 00:00:00.000	rj1201	NULL	NULL	NULL	rj1201	软件技术1201	rjxy	rjjs	NULL
8	2012180269	杜守财	男	2000-05-01 00:00:00.000	rj1201	NULL	NULL	NULL	rj1201	软件技术1201	rjxy	rjjs	NULL
9	2012180272	曾元	男	2000-09-01 00:00:00.000	rj1201	NULL	NULL	NULL	rj1201	软件技术1201	rjxy	rjjs	NULL

图 5-24　全连接操作结果

提示：使用全外连接，会将两个表中符合连接条件的数据，以及各自不符合条件的数据都查询出来。符合条件的显示相互连接数据，不符合的，则显示 NULL。

5.3.3　交叉连接（CROSS JOIN）

交叉连接的结果返回左表中的所有行，左表中的每一行与右表中的所有行组合。也就是返回的结果集的数据行总数是第一个表中符合条件的数据行数乘以第二个表中符合查询条件的数据行数。例如，如果第一张表中有 4 条记录，第二张表中有 6 条记录，则结果集中有 24 条记录。交叉连接也称为笛卡儿积。

类型：不带 WHERE 条件子句，它将会返回被连接的两个表的笛卡儿积，返回结果的行数等于两个表行数的乘积，如果带 WHERE，返回或显示的是匹配的行数。

1. 不带 WHERE

【例 5-23】　查询系部和班级。代码如下：

USE Students；

SELECT * FROM 系部 cross join 班级 ；

GO

执行结果如图 5-25 所示。

	系部代码	系部名称	系主任	班级代码	班级名称	系部代码	专业代码	备注
1	cjxy	财经学院	NULL	da1402	大数据技术1402	rjxy	dsjjs	NULL
2	cjxy	财经学院	NULL	ds1301	大数据技术1301	rjxy	dsjjs	NULL
3	cjxy	财经学院	NULL	ds1302	大数据技术1302	rjxy	dsjjs	NULL
4	cjxy	财经学院	NULL	ds1401	大数据技术1401	rjxy	dsjjs	NULL
5	cjxy	财经学院	NULL	rj1201	软件技术1201	rjxy	rjjs	NULL
6	cjxy	财经学院	NULL	rj1202	软件技术1202	rjxy	rjjs	NULL
7	cjxy	财经学院	NULL	rj1203	软件技术1203	rjxy	rjjs	NULL
8	cjxy	财经学院	NULL	rj1301	软件技术1301	rjxy	rjjs	NULL
9	cjxy	财经学院	NULL	rj1302	软件技术1302	rjxy	rjjs	NULL
10	cjxy	财经学院	NULL	rj1401	软件技术1401	rjxy	rjjs	NULL

图 5-25　不带 WHERE 的交叉连接结果

总结：相当于笛卡儿积，左表和右表组合。

2. 有 WHERE 子句

有 WHERE 子句的连接往往会先生成两个表行数乘积的数据表，然后才根据 WHERE 条件从中选择。

【例 5-24】　查询每个系部的班级。代码如下：

```
USE Students;
SELECT * FROM  系部 cross join 班级 WHERE 系部.系部代码 = 班级.系部代码;
GO
```

执行结果如图 5-26 所示。

	系部代码	系部名称	系主任	班级代码	班级名称	系部代码	专业代码	备注
1	rjxy	软件学院	NULL	da1402	大数据技术1402	rjxy	dsjjs	NULL
2	rjxy	软件学院	NULL	ds1301	大数据技术1301	rjxy	dsjjs	NULL
3	rjxy	软件学院	NULL	ds1302	大数据技术1302	rjxy	dsjjs	NULL
4	rjxy	软件学院	NULL	ds1401	大数据技术1401	rjxy	dsjjs	NULL
5	rjxy	软件学院	NULL	rj1201	软件技术1201	rjxy	rjjs	NULL
6	rjxy	软件学院	NULL	rj1202	软件技术1202	rjxy	rjjs	NULL
7	rjxy	软件学院	NULL	rj1203	软件技术1203	rjxy	rjjs	NULL
8	rjxy	软件学院	NULL	rj1301	软件技术1301	rjxy	rjjs	NULL
9	rjxy	软件学院	NULL	rj1302	软件技术1302	rjxy	rjjs	NULL
10	rjxy	软件学院	NULL	rj1401	软件技术1401	rjxy	rjjs	NULL
11	rjxy	软件学院	NULL	rj1402	软件技术1402	rjxy	rjjs	NULL
12	rjxy	软件学院	NULL	yd1301	移动应用1301	rjxy	ydyykf	NULL

图 5-26　有 WHERE 子句的查询结果

查询结果跟等值连接的查询结果是一样。

5.4　子　查　询

子查询指的是在一个 SELECT、INSERT、UPDATE 语句的 WHERE 条件子句里又包含另一个 SELECT 查询语句。也就是说 SELECT 中语句中又嵌套另一个 SELECT 语句，称为子查询（也称嵌套查询），其中被嵌套的 SELECT 语句称为子查询。包含子查询的外层的 SELECT 语句被称为外部查询（或父查询）。

1. 子查询 SELECT 语句语法

子查询的基本语法如下：

```
SELECT  列名 1…. [,列名 n]
FROM    表 1 [,表 2]
WHERE   列名 操作符
        (SELECT 列名 1 [,列名 n]
        FROM 表 1 [,表 n]
        [WHERE])
```

注意：

- 子查询的 SELECT 子句用圆括号括起来,且不包含 COMPUTE 子句。
- 子查询不能使用 ORDER BY 子句,且只能查询一个列项。
- 外部查询利用子查询的结果作为查询的条件值。

2. 子查询分类

子查询还可分为嵌套子查询和相关子查询。

(1) 嵌套子查询是指子查询语句中的 WHERE 子句与外部查询表中没有关联。嵌套子查询的执行不依赖于外部的查询。其执行过程：

① 执行子查询,获得查询结果,但是查询结果不显示。

② 把子查询的结果作为外部查询的查询条件。

③ 执行外部查询,并显示整个结果。这里外部查询涉及的所有记录都与子查询结果进行比较。

(2) 相关子查询:相关子查询的执行依赖于外部查询。多数情况下相关子查询的 WHERE 子句中引用了外部查询的表。其执行过程：

① 从外层查询中取出一个记录,将记录相关列的值传给内层查询。

② 执行内层查询,得到子查询操作的值。

③ 外查询根据子查询返回的结果判断 WHERE 后的条件是否为真,若为真则输出结果。

④ 然后外层查询取出下一个记录重复做步骤①～③,直到外层的记录全部处理完毕。

5.4.1　使用比较运算符的子查询

如果子查询返回的值是单列单个值,可以通过比较运算符进行比较,如果比较结果为真,则显示查询结果,否则不显示。其语法如下：

```
列名 比较运算符 ALL|ANY|SOME(子查询)
```

注意:当列名的值与子查询结果集中值满足比较运算符时,逻辑表达式为真,否则为假,在子查询的 SELECT 英语句中只能指定一个表达式。

【例 5-25】 查询班级代码为 rj1201 班级的系部信息。代码如下：

```
USE Students;
SELECT * FROM 系部
WHERE 系部代码 =
(SELECT 系部代码 FROM 班级 WHERE 班级代码 = 'rj1201');
GO
```

执行结果如图 5-27 所示。

图 5-27　执行结果

题目中,括号内的子查询将班级代码是 rj1201 的系部代码查询出来,然后将这个查询结果作为一个条件带入外部的父查询中,进而从父查询中得到最终的结果。

5.4.2　使用 ALL、ANY 运算符的子查询

当子查询返回的是单列多值时,比较运算符与 ALL、ANY 配合来构成外查询特殊查询条件。

使用 ANY 和 ALL 的一般格式为

＜比较运算符＞ ANY | ALL(SELECT 子查询)

- ALL 的含义:在进行比较运算时,若子查询中所有行的数据都使结果为真,则条件才为真。
- ANY 的含义:在进行比较运算时,只要子查询中有一行数据能使结果为真,则条件为真。

ANY 和 ALL 与比较符结合语义如表 5-4 所示。

表 5-4　ANY 或 ALL 与比较符结合含义

表达式	语义
＞Any	大于子查询结果中的某个值,即表示大于查询结果中最小值
＞All	大于子查询结果中的所有值,即表示大于子查询结果中最大值
＜Any	小于子查询结果中的某个值,即表示小于查询结果中最大值
＜All	小于子查询结果中的所有值,即表示小于查询结果中最小值
＞=Any	大于或等于子查询结果中的某个值,即表示大于或等于查询结果中最小值
＞=All	大于或等于子查询结果中的所有值,即表示大于或等于查询结果中最大值
＜=Any	小于或等于子查询结果中的某个值,即表示大于或等于查询结果中最大值
＜=All	小于或等于子查询结果中的所有值,即表示大于或等于查询结果中最小值
=Any	等于子查询结果中的某个值,即相当于 IN
！=(或＜＞)Any	不等于子查询结果中的某个值
！=(或＜＞=All	不等于子查询结果中的任何一个值,即相当于 NOT IN

【例 5-26】　查询参加了课程号为 web02 考试的学生的基本信息。代码如下:

```
USE Students;
SELECT * FROM 学生
WHERE 学号 = ANY(SELECT 学号 FROM 成绩 WHERE 课程号 = 'web02');
GO
```

执行结构如图 5-28 所示。

结果　消息

	学号	姓名	性别	出生日期	班级代码	联系电话	家庭住址	备注
1	2012180264	朱德豪	男	1999-09-01 00:00:00.000	rj1201	NULL	NULL	NULL
2	2012180265	袁超龙	男	1999-11-01 00:00:00.000	rj1201	NULL	NULL	NULL
3	2012180266	肖建	男	2000-01-01 00:00:00.000	rj1201	NULL	NULL	NULL
4	2012180269	杜守财	男	2000-05-01 00:00:00.000	rj1201	NULL	NULL	NULL
5	2012180272	曾元	男	2000-09-01 00:00:00.000	rj1201	NULL	NULL	NULL
6	2012180274	张峻锋	男	2000-06-01 00:00:00.000	rj1201	NULL	NULL	NULL
7	2012180275	金言昊	男	2000-06-01 00:00:00.000	rj1201	NULL	NULL	NULL
8	2012180276	陈祥	女	2000-06-01 00:00:00.000	rj1201	NULL	NULL	NULL
9	2012180280	刘春波	男	2001-01-23 00:00:00.000	rj1201	NULL	NULL	NULL

图 5-28　子查询结果图

子查询中将所有参加课程号为 web02 考试的学生查询出来形成一个结果集，然后通过＝ANY 的方式，查询参加 web02 课程考试学生的目的。

5.4.3　使用[NOT]IN 运算符的子查询

[NOT]IN 操作符可以检验表达式的值是否与子查询返回的结果集中的某个值相等或不相等。[NOT] IN 的一般格式如下：

＜表达式＞[NOT]IN（子查询）　——如果结果集有多值，列表中的各项用逗号隔开。

只要表达式的值是单值，其结果与子查询的结果集中的某项值相等，比较结果就为真。NOT IN 的作用刚好相反。

【例 5-27】　查询课程号为 web01 的期末成绩小于 40 分的学生。代码如下：

```
USE Students;
SELECT * FROM 学生
WHERE 学号 = ANY(SELECT 学号 FROM 成绩 WHERE 课程号 ='and01' and 期末成绩＜40);
GO
```

执行结果如图 5-29 所示。

结果　消息

	学号	姓名	性别	出生日期	班级代码	联系电话	家庭住址	备注
1	2012180266	肖建	男	2000-01-01 00:00:00.000	rj1201	NULL	NULL	NULL
2	2012180269	杜守财	男	2000-05-01 00:00:00.000	rj1201	NULL	NULL	NULL
3	2012180276	陈祥	女	2000-06-01 00:00:00.000	rj1201	NULL	NULL	NULL
4	2012180287	唐国波	男	2001-08-01 00:00:00.000	rj1201	NULL	NULL	NULL
5	2012180299	江帅	男	2002-08-01 00:00:00.000	rj1201	NULL	NULL	NULL
6	2012180317	刘桂瑜	男	1995-10-01 00:00:00.000	rj1201	NULL	NULL	NULL

图 5-29　IN 子查询的结果

5.4.4　使用[NOT]EXISTS 运算符的子查询

EXISTS 的作用是判断子查询结果集是否有记录来判断是否有结果返回，若有则结果为真，否则为假。子查询实际上不产生任何信息，值返回真或假的值。

NOT EXISTS 的作用刚好相反。其格式为

EXISTS ＜子查询＞

【例 5-28】　查询所在系部名称为软件学院的学生学号、姓名。代码如下：

```
USE Students;
SELECT 学号,姓名 FROM 学生 a
```

WHERE EXISTS (SELECT 班级代码 FROM 班级 b

WHERE a.班级代码 = b.班级代码 AND EXISTS(

SELECT 班级代码 from 班级 where 系部代码 = 'rjxy'));

GO

图 5-30 EXIST 查询结果

执行结果如图 5-30 所示。

由于不需要在子查询中返回具体值,所以这种子查询的选择列表常用"SELECT ＊ "格式。

注意:

[NOT] EXISTS 子查询也称为相关子查询,相关子查询的查询条件依赖的是父查询的某个值,其执行过程如下:

(1) 先取出外层表的第一行记录。

(2) 根据取出的记录值与内层查询结果相关的值进行比较,如果在内层子查询结果中有至少一条记录与外层记录行值匹配,查询就返回这一行。

(3) 依次重复外层剩余记录,直至完成。

(4) 得到满足条件的数据行集,输出数据行集。

5.5 联 合 查 询

联合查询就是将多个 SELECT 语句执行的结果通过 UNION 操作符组合到一个结果集中(也称为并运算)。参与查询的 SELECT 语句中的列数和列的顺序必须相同,数据类型也相同。

5.5.1 UNION 操作符

UNION 操作符用于合并两个或多个 SELECT 语句的结果集。其语法如下:

SELECT 列名表 FROM 表 1

UNION[ALL]

SELECT 列名集 FROM 表 2

注意:

(1) UNION 内部的 SELECT 语句必须拥有相同数量的列。列也必须拥有相似的数据类型,同时,每条 SELECT 语句中的列的顺序必须相同。

(2) ALL 查询结果包含所有行,如果不适应 ALL,系统将自动删除重复行。

(3) 最后的结果集中的列名来自第一个 SELECT 语句的列名。

(4) 如果需要对集合查询结果进行排序时,必须使用第一个查询语句中的列名。

【例 5-29】 查询班级中的专业和专业表中的专业代码。代码如下:

USE Students;

SELECT 专业代码   FROM 专业

UNION

SELECT 专业代码 FROM 班级;

GO

执行结果如图 5-31 所示。

5.5.2　联合查询结果排序

如果需要对使用 UNION 查询的结果进行排序,可以使用 ORDER BY 子句,选择 SE-LECT 语句中列出的一个列或多个列作为排序条件。

【**例 5-30**】　查询班级中的专业和专业表中的专业代码并按照降序排列。代码如下:

```
USE Students;
SELECT 专业代码　FROM 专业
UNION
SELECT 专业代码 FROM 班级
order by 专业代码 desc;
GO
```

执行结果如图 5-32 所示。

图 5-31　UNION 操作结果

图 5-32　联合查询结果

拓 展 实 训

实训任务一:对"Students"数据库表进行基础查询

(1) 查询所有系部的信息。

(2) 查询所有男同学的信息。

(3) 查询所有学分为 3 的课程名和课程编号。

(5) 查询姓王的年龄大于 20 岁的男同学信息。

(6) 查询与数据库相关的课程信息。

提示:

- 熟练掌握相应子句的应用方法。
- 掌握各种查询条件的设置方法。

实训任务二:对"Students"数据库中的数据做汇总查询

(1) 查询所有学生的平均年龄。

(2) 查询信息系人数。

(3) 查询各个学分的课程数量。

(4) 查询各个系部的人数,要求就显示人数在 5 人以上的系部编号和人数。

（5）查询各个系部的男同学数量，显示数量在 10 人以上的系部编号和人数。

提示：

- 掌握聚合函数的含义。
- 掌握各种聚合函数的使用方法。
- 掌握分组查询的方法。

实训任务三："Students"数据库中的连接查询

（1）查询所有信息系学生资料。

（2）查询所有选修课信息。

（3）查询英语不及格的同学信息。

（4）查询所有学生的成绩信息。

（5）查询所有学生及课程的成绩信息。

提示：

- 不同内连接的连接方法。
- 左（右）连接的方法。
- 在使用内、外连接的时候，注意主表的选择。

实训任务四："Students"数据库中的子查询

（1）查询所有选修课信息。

（2）查询比所有信息系学生年龄都大的自控系学生信息。

（3）查询英语不及格的同学信息。

（4）查询所有学生的成绩信息。

（5）查询所有学生及课程的成绩信息。

提示：

- 所有题目使用子查询方式完成。
- 父查询与子查询的连接。

本 章 小 结

本章介绍了对数据表的查询技术，主要是 SELECT 语句的语法格式及各种查询技术，包括简单查询、多表连接查询（外连接、内连接等），夺标连接是指通过多表之间共同列的相关性来查询数据；聚合查询可以对查询结果做各种统计等功能。

本 章 习 题

一、选择题

1. 在 SELECT 语句的 FROM 子句中的数据源使用（　　）隔开。

    A. AND   B. ,   C. 、   D. —

2. 假设学生表中的字段分别为 Email、Address、Sex，其中 Email 字段的默认值为 123@ qq.com，同时还有 Address 字段和 Sex 字段，则执行如下语句：

INSERT 学生（Address，Sex）VALUE（'cq'，1）

下列说法中正确的是（　　）。

A. Email 字段的值为'cq'　　　　　　B. Address 字段的值为'cq'

C. Sex 字段的值为 1　　　　　　　　D. Email 字段的值为空

3. 设学生表有三个字段 Num1、Num2、Num3，并且都是整数类型，则（　　）查询语句能按照 Num2 字段进行分组，并在每一组中取 Num3 的平均值。

A. SELECT AVG(Num3) FROM Students

B. SELECT AVG(Num3) FROM Students ORDER BY Num2

C. SELECT AVG(Num3) FROM Students GROUP BY Num2

D. SELECT AVG(Num3) FROM Students GROUP BY Num3，Num2

4. 假设 Users 表中的 Tel 字段存储电话号码信息，则查询是以 7 开头的所有电话号码的查询语句是（　　）。

A. SELECT Tel FROM Users WHERE Tel IS NOT '%7'

B. SELECT Tel FROM Users WHERE Tel LIKE '7%'

C. SELECT Tel FROM Users WHERE Tel NOT LIKE '7%'

D. SELECT Tel FROM Users WHERE Tel LIKE '[1-6]%'

5. 假设 Users 表中有 4 行数据，Score 表中有 3 行数据，且表中数据均为有效数据。如果执行以下的语句：

SELECT * FROM Users，Score WHERE Users.ID = Score.ID

则可能返回（　　）行数据。

A. 0　　　　　　B. 3　　　　　　C. 9　　　　　　D. 12

6. 要查询一个班中低于平均成绩的学员，需要使用到（　　）。

A. TOP 子句　　　　　　　　　　B. ORDER BY 子句

C. Having 子句　　　　　　　　　D. 聚合函数 Avg

7. 下列各运算符中（　　）不属于逻辑运算符。

A. &.　　　　　B. not　　　　　C. and　　　　　D. or

8. 下列哪些选项在 T-SQL 语言中使用时不用括在单引号中（　　）。

A. 单个字符　　　B. 字符串　　　C. 通配符　　　D. 数字

9. SQL 语言是（　　）。

A. 结构化查询语言

B. 标准化查询语言

C. Microsoft SQL Server 数据库管理系统的专用语言

D. 一种可通用的编程语言

10. Student 数据库中有一张 studentinfo 表用于存放学校的学生信息，现在数据库管理员想通过使用一条 SQL 语句列出所有学生所在的城市，而且列出的条目中没有重复项，那么他可以在 "SELECT City FROM studentinfo" 语句中使用（　　）关键词。

A. TOP　　　　B. DISTINCT　　　　C. DESC　　　　D. ASC

二、填空题

1. T-SQL 语言中,有_____运算、字符串连接运算、比较运算和_____运算。

2. 若要能够从学生表中查询出姓名的第二个字是"敏"的学生的信息,则 select ＊ from 学生表 where 姓名 like '_____'。

3. 如果需要按照一定的顺序排列查询语句选中的行,则需要使用_____子句,并且排列可以是升序(ASC)或者降序_____。

4. 嵌套查询一般的执行顺序是由_____向_____或由下层向上层处理,即先执行子查询再执行父查询,子查询的结果集用于建立其父查询的查找条件。

5. SQL 语言中,逻辑运算符的返回值有_____和_____。

三、判断题

1. 通配符"_"表示某单个字符。　　　　　　　　　　　　　　　　　　（　　）

2. SQL 语言是一种用于存取和查询数据,更新并管理关系数据库系统的数据库查询和编程语言。　　　　　　　　　　　　　　　　　　　　　　　　　　　　（　　）

3. 在 SQL 语句中,对不符合所有标识符规则的标识符必须进行分隔。　　（　　）

4. 在 WHERE 子句中,完全可以用 IN 子查询来代替 OR 逻辑表达式。　（　　）

5. 所有的子查询都可以使用连接查询代替。　　　　　　　　　　　　　（　　）

第6章　索引与视图

本章解决问题

在基本掌握了数据库及数据表的知识与操作后,本章将解决通过索引和视图的方式来快速准确的查询用户需要的数据,提高数据存取性能和执行速度的提高。

本章导航

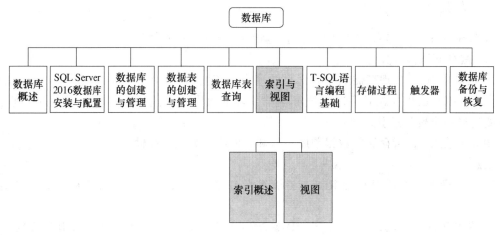

知识目标

➢ 了解索引的概念及类型。
➢ 了解索引和视图功能。
➢ 了解索引与视图使用特点及其适合的场合。

能力目标

➢ 掌握索引与视图的创建与删除。
➢ 掌握索引与视图中的选项。

6.1　索引概述

SQL Server 支持在表中创建索引。就像一本书的目录一样,索引可以通过索引快速找到对应的内容。数据库索引提供了在数据库中快速查询特定行的能力,是 SQL Server 编排数据的内部方法。它为 SQL Server 提供一种方法来编排查询数据。通过使用索引,可以大大提高数据库的检索速度,改善数据库性能。

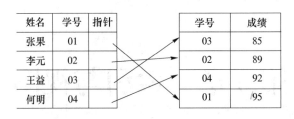

图 6-1　索引示例

数据库索引是针对数据表中一个或多个列的值进行排序,形成一个单独的物理数据表,由除存放表的数据页面外的索引页面组成的,每个索引页面中的行都含有逻辑指针(指向表中的行)。索引页类似于汉语字(词)典中按拼音或笔画排序的目录页。

索引可以创建在一列或多列的组合上,就像图书馆的书目可以有多种查询方式(比如按作者、按出版社等)一样,也可以在数据库表的多个列上建立不同的索引。

6.1.1　索引分类

SQL Server 2016 支持在表中任何列(包括计算列)上定义索引。

(1) 按存储结构可分为

① 聚集索引:指物理存储顺序与索引顺序完全相同,它由上下两层组成,上层为索引页,包含指向数据页的指针。下层为数据页,包含实际的数据页面、用来存放表中的数据。每个表中只能创建一个聚集索引。

② 非聚集索引:指存储的数据顺序一般和表的物理数据的存储结构不同。

注意:

① 由于聚集索引的顺序与数据行存放的物理顺序相同,因此,聚集索引最适合于范围搜索。

② 在默认情况下,SQL Server 为 PRIMARY KEY(主键)约束所建立的索引为聚集索引,这一默认设置可以使用 NONCLUSTERED 关键字来改变。

(2) 根据索引键值是否唯一,可以分为唯一索引;基于多个字段的组合创建索引的为非唯一索引(组合索引)。

① 唯一索引:唯一索引不允许两行具有相同的索引值。

② 非唯一索引:允许两行具有相同的索引值。

唯一索引特征:

- 不允许两行具有相同的索引值。
- 主要用于实现实体完整性。
- 在创建主键约束和唯一约束时自动创建。
- 创建唯一索引时,应保证创建索引的列不包括重复的数据,并且没有两个或两个以上的空值行,因为创建索引时将两个空值也视为重复的数据,如果有这种数据,必须先将其删除,否则索引不能成功创建。

(3) 主键索引:在数据库关系图中为表定义一个主键将自动创建主键索引,主键索引是唯一索引的特殊类型。主键索引要求主键中的每个值是唯一的。当在查询中使用主键索引时,它还允许快速访问数据。

6.1.2 索引的创建

在创建索引之前,需要注意:

(1) 只有表的所有者可以在同一个表中创建索引。

(2) 每个表中只可以创建一个聚集索引。

(3) 在 text,image 和 bit 数据类型的列上不能创建索引。

(4) 如果在外键列上创建索引,主键上一定要有索引。建议:在经常查询的字段上建立索引。而在那些重复值比较多的,查询较少的列上不要建立索引。

在 SQL Server 2016 中,创建或删除索引,可以通过使用企业管理器(SSMS)以及使用 T-SQL 语句完成。

使用企业管理器(SSMS)创建索引

1. 在创建表时创建索引

在创建表时可以直接创建索引。以下为在创建表时创建索引的步骤:

(1) 在"对象资源管理器"中展开要使用的服务器组、服务器。

(2) 打开 Students 数据库,在 Students 数据库的表结点上单击鼠标右键,在弹出的快捷菜单中选择"新建"和"表"选项,打开新建表窗口,在其中输入各列名和类型名,将表命名为教师,如图 6-2 所示。

图 6-2 新建表窗口

(3) 在表中的任意一行单击右键,在弹出的菜单中选择"索引/键"命令,弹出"索引/键"窗口,在弹出的"索引/键"窗口上可以看见已经存在一个 PK_教师的主/唯一键或索引(那是因为在创建表时,定义教师工号为主键),如图 6-3 所示。

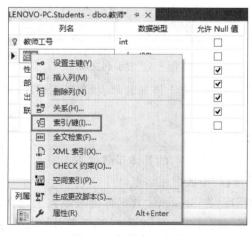

图 6-3 索引建立选项

（4）在属性窗口的"索引/键"选项卡中单击"添加"按钮，来创建一个索引，如图 6-4 所示。

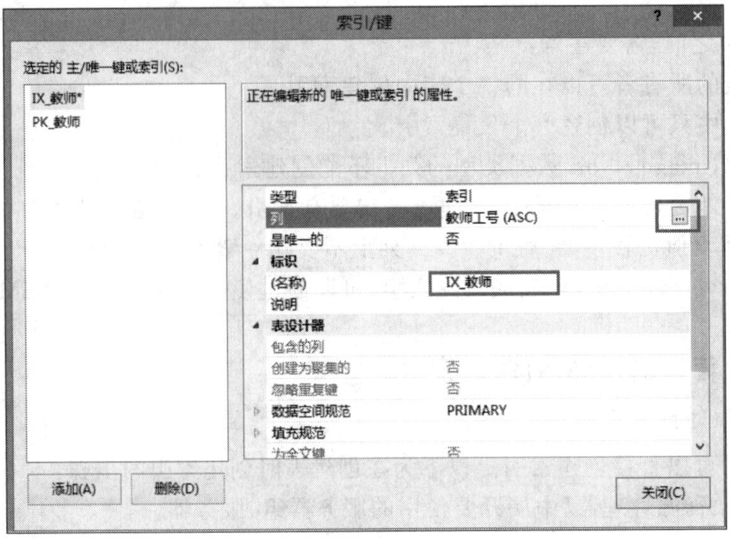

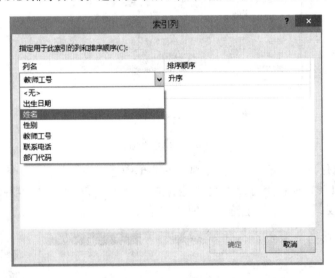

图 6-4　建立索引窗口

（5）通过单击 … 按钮，弹出"索引"列选项窗口，如图 6-5 所示，在窗口中可以在列名栏选择需要索引的列名以及排序方式。选择完毕后，单击"确定"按钮完成选择。

图 6-5　索引列选项

（6）当完成索引建立后，在表结点上展开教师表，选择索引项，可以现实已经建立的索引，如图 6-6 所示。

2. 在已经存在的表上创建索引

对于一个已经存在的表中创建索引的具体步骤如下：

（1）展开"对象资源管理器"中数据库结点。

（2）打开 Students 数据库，在 Students 数据库的表结点上选择右键单击索引项，在弹出的菜单上选择新建索引。将出现另一个弹出菜单，选择索引的类型，如图 6-7 所示。

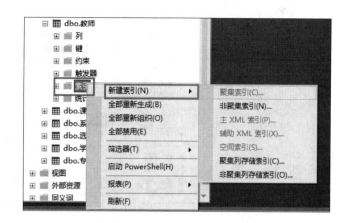

图 6-6 索引查看

图 6-7 在已存在表中建立索引

（3）在打开的创建索引窗口中可以输入索引名称和选择需要建立索引的列，如图 6-8 所示。

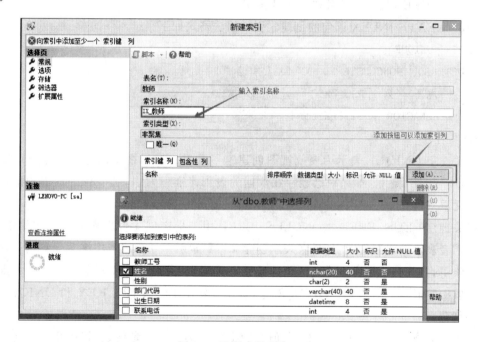

图 6-8 选择索引项窗口

（4）当需要设置的选择完成后，单击"确定"按钮完成索引建立。

6.1.3 索引的删除

使用企业管理器在一个已经存在的表中删除索引非常简单。具体步骤如下：

（1）在企业管理器（SSMS）树形目录中数据库结点。

（2）打开 Students 数据库，在 Students 数据库的表结点上找到索引项，展开索引项，找到需要删除的索引名称，单击右键，选择删除命令即可完成该索引删除，如图 6-9 所示。

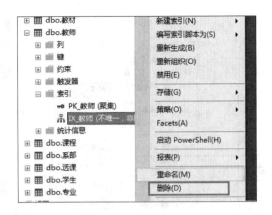

图 6-9　删除索引

使用 T-SQL 语句创建和删除索引

在 SQL-Server 2016 中，可以使用 T-SQL 语句来创建和删除索引。

（1）使用 CREATE INDEX 语句创建索引

使用 CREATE INDEX 语句的创建索引的语法格式如下：

CREATE［UNIQUE］

［CLUSTERED | NONCLUSTERED］INDEX 索引名

ON〈表 | 视图〉（列 1［ASC | DESC］［,...n］）［WITH

［［,］FILLFACTOR = fillfactor］

［ON 文件组］

- 关键字 UNIQUE 表示为表或视图创建唯一索引。对于视图创建的聚集索引必须是 UNIQUE 索引。如果对已经存在数据的表创建唯一索引，必须保证索引项对应的值无重复值。

- 关键字 CLUSTERED、NONCLUSTERED 用于指定创建聚集索引还是非聚集索引，前者表示创建聚集索引，后者表示创建非聚集索引。一个表或视图只允许有一个聚集索引，并且必须先为表或视图创建唯一聚集索引，然后才能创建非聚集索引。非聚集索引除通过 CREATE INDEX 创建外，还可使用 PRIMARY KEY 和 UNIQUE 约束创建。

- 索引名在表或视图中必须唯一，但在数据库不必唯一。参数表 | 视图用于指定包含索引字段的表名或视图名。

- 列名用于指定建立索引的字段，参数 n 表示可以为索引指定多个字段。注意：表或视图索引字段的类型不能为 ntext、text 或 image；通过指定多个索引的字段可创建组合索引，但组合索引的所有字段必须取自同一表。

- FILLFACTOR 表示填充因子，指定一个 0 到 100 之间的值，该值指示索引页填满的空间所占的百分比。

【例 6-1】　在教师表的姓名列上建立名为"Teacher_in"的非聚合、非唯一索引。代码如下：

USE Students;

CREATE　INDEX Teacher_in

ON 教师（姓名） WITH Fillfactor = 80 ;

GO

执行结果会显示成功,如图 6-10 所示。

（2）使用 DROP INDEX 语句删除索引的语法格式如下:

DROP INDEX 表.索引名|视图.索引名 [,,,n]

其中各参数的含义如下:

图 6-10　执行结果

表|视图:索引列所在的表或索引视图。

索引名:要删除的索引名称。

n:表示可以指定多个要删除的索引。

注意:如果要删除一个在主键上建立的索引,必须先删除主键定义。

【例 6-2】　先删除教师表上的索引,然后在教师表的教师工号上建立聚集的、唯一索引。代码如下:

USE Students;

DROP INDEX 教师. Teacher_in;

CREATE UNIQUE CLUSTERED

INDEX IX_教师

ON 教师（姓名）

WITH FILLFACTOR = 80 ;

GO

注意:DROP INDEX 语句不适合删除通过定义 PRIMARY KEY 和 UNIQUE 约束创建的索引。若要删除 PRIMARY KEY 和 UNIQUE 约束创建的索引,必须通过删除约束实现。在系统表的索引上不能执行 DROP INDEX 命令。

6.1.4　索引信息的查看

查看索引信息有两种方法:使用 SQL Server 管理器和使用 T-SQL 语句查看过程。其中使用 SQL Server 管理器查看索引信息,与建立索引后查看索引的信息类似。这里主要讲解使用系统存储过程查看索引信息。

其语法格式如下:

EXEC SP_HELPINDEX 表名　　或　　EXEC SP_HELP 表名

【例 6-3】　查看教师表中的索引信息。代码如下:

USE Students;

EXEC SP_HELP　INDEX 教师;

GO

查询结果如图 6-11 所示。

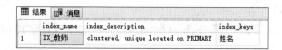

图 6-11　查询结果

6.2 视 图

6.2.1 视图的概念

视图是从一个或几个表中导出的虚拟表,是存储在数据库中的预先定义好结构的查询结果集。存储的是 SELECT 语句,SELECT 语句的结果集构成视图所返回的虚拟表。其结构和数据是建立在对表的查询基础上。

注意:

视图定义以后,只是将其结构存储于数据库中,相应的数据并不单独存储。每次使用视图的时候,这些数据从一个或几个基本表(或视图)中映射生成,所以视图依赖于基本表,不能独立存在。

在视图中,行和列数据来自定义视图的查询所引用的表,并且在引用视图时动态生成,也就是说,表中数据的变更可以及时的反映到视图中。用户可以采用引用表时所使用的方法,在 SQL 语句中引用视图名称来使用此虚拟表。

6.2.2 使用 SSMS 创建与管理视图

1. 使用 SSMS 创建视图

(1) 在"对象资源管理器"中展开要使用的服务器组、服务器。

(2) 选择要创建视图的数据库(如 Students 数据库),在 Students 数据库的"视图"选项上单击鼠标右键,在弹出的快捷菜单中选择"新建视图"项,打开新建视图窗口,如图 6-12 所示。

图 6-12 新建视图命令

(3) 在弹出的"添加表"对话框中,添加需要的基本表,如图 6-13 所示。选择后关闭"添加表"对话框,进入"视图设计器"。

(4) "视图设计器"对话窗口共分为四个部分:基本表列表;字段列表;SQL 语句栏;结果栏,如图 6-14 所示。前三部分用作设置视图的条件,结果栏目则可以显示当前设置下视图所包含的字段和结果数据。

• 勾选基本表栏中表字段前复选框,选择视图需要的字段。

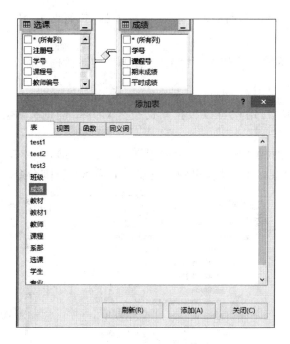

图 6-13　添加表对话框

图 6-14　视图建立窗口

- 选中的字段将出现在字段列表栏中,同时,可以对每个字段进行排序,筛选器等设置,其中,筛选器的功能相当于 WHERE 条件语句。
- 在 SQL 语句栏中将根据选择的字段出现 SELECT 语句。
- 在结果栏中将显示执行 SQL 语句后的结果。

（5）当设置完成后，单击"视图设计器"工具栏上的"执行 SQL 语句"按钮，可以看到查询结果。

（6）单击工具栏上的 🖫 按钮保存视图，并在弹出的对话框中输入视图名称。

2. 使用 SSMS 修改视图

视图在使用的过程中，用户可以根据新的需要对其结构进行调整，以满足用户最新的需要。

（1）选择需要修改的视图所在目标数据库，（如 Students），展开其"视图"结点，右击需要修改的目标视图对象"View_1"，从弹出的快捷菜单中选择"设计"命令，如图 6-15 所示。

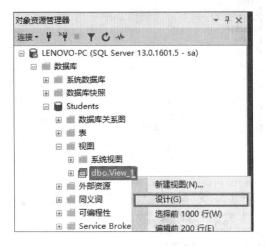

图 6-15　修改视图设计

（2）弹出的修改"View_1"视图窗口与前面创建窗口完全一致，设置方法基本相同，只需要将修改的字段进行设置即可，具体方法不再复述。

3. 使用 SSMS 删除视图

当视图失去存在的意义时，用户可以选择删除视图。

（1）右击需要删除的"View_1"视图，从弹出的快捷菜单中选择"删除"命令，然后在如图 6-16所示的快捷菜单中选择"删除"命令。

图 6-16　视图删除菜单

（2）在删除的窗口中，确认要删除的视图，单击"确定"按钮即可，如图 6-17 所示。

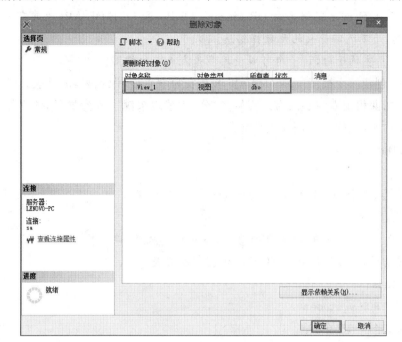

图 6-17　删除视图窗口

6.2.3　使用 T-SQL 语句管理与创建视图

1. 使用 T-SQL 语句的 CREATE VIEW 命令创建视图

语法格式：

CREATE VIEW［＜数据库名＞.］［＜所有者＞.］视图名［（列［,...n］）］

［ WITH{ENCRYPTION|SCHEMABINDING | VIEW_METADATA} ］

AS

SELECT 子语句

说明：

- 视图名指新建视图的名称。视图名称必须符合标识符命名规则，其名称前可以包含数据库名和所有者名。
- 列名指视图中将要显示的列名。如果没有指定列名，其列名由 SELECT 语句指派。但是以下几种情况必须指定列名：

① 当列是从算数表达式、函数或常量表达式。

② 两个或更多的列有相同的名称（只要是连接操作）。

③ 视图中的列有不同于派生列的别名。

- WITH　ENCRYPTION 选项对包含 CREATE VIEW 语句文本的系统表（syscomments）列进行加密。
- WITH　CHEMABINDING 选项用于将视图绑定到基础表的架构。即当修改基表结构时，如果影响到视图的架构，则不能修改。

- WITH VIEW_METADATA 选项用于指定为引用视图的查询请求浏览模式的元数据时,SQL Server 实例将向 DB-Library、ODBC 和 OLE DB API 返回有关视图的元数据信息,而不返回基表的元数据信息。
- SELECT 查询子句,该子句可以使用多张表或其他视图。

【例 6-4】 创建一个视图 v_student,要求基表为学生表,课程表,成绩表。学生表来源字段为学号,姓名;课程表来源字段为课程号,学分;成绩表来源字段为学号,课程号,期末成绩。要求查询学生的选课情况及期末成绩。

```
CREATE VIEW v_student
AS
SELECT 学生.学号,姓名,课程.课程号,学分,期末成绩
FROM 学生,课程,成绩
WHERE 学生.学号 = 成绩.学号 AND 课程.课程号 = 成绩.课程号;
```

当建立成功后,可以通过 SELECT 语句查询视图表

```
USE Students;
SELECT * FROM v_student
```

执行结果如图 6-18 所示。

	学号	姓名	课程号	学分	期末成绩
1	2012180264	朱德豪	and01	4	41
2	2012180264	朱德豪	and02	4	57
3	2012180264	朱德豪	ios03	5	81
4	2012180264	朱德豪	java03	6	85
5	2012180264	朱德豪	sjk01	4	91
6	2012180264	朱德豪	web02	5	95

图 6-18 查找视图表结果

2. 使用 T-SQL 语句的 ALTER VIEW 命令修改视图

如果一个视图已经存在,可以使用 ALTER VIEW 命令对其属性修改,其语法如下:

```
ALTER VIEW [<数据库名>.][<所有者>.]视图名 [(列 [,...n])]
[WITH {ENCRYPTION|SCHEMABINDING | VIEW_METADATA}]
AS
SELECT 子语句
```

注意:
修改视图时必须指定要修改视图的名称和修改后视图定义的查询子句。

【例 6-5】 将建立的 v_student 视图修改

代码如下:

```
ALTER VIEW v_Student
AS
SELECT 学生.学号,姓名,学分,成绩.平时成绩
```

FROM 学生,选课,成绩

WHERE 学生.学号 = 选课.学号 AND 选课.课程号 = 成绩.课程号;

3. 使用 T-SQL 语句的 DROP VIEW 命令删除视图

在 T-SQL 中使用 DROP VIEW 命令删除视图,其语法格式为

DROP VIEW ＜视图名＞,[,[...n]]

【例 6-6】 将 v_student 视图删除。代码如下:

DROP VIEW v_student;

拓 展 练 习

实训任务一:完成学生管理数据库中视图的实施

(1) 创建视图要求获得学分大于 4 的课程名称,命名为:v-corecurse。

(2) 创建视图要求获得 rj2012 班级所有学生的信息,命名为:v_rj2012。

(3) 创建视图要求获得课程号为 ios03 的课程名称与考试成绩大于 90 的学生姓名,命名为:v_excellent。

提示:

(1) 通过 SSMS 创建视图的过程,视图创建过程中各个窗格的应用。

(2) 通过 CREATE VIEW 命令创建。

实训任务二:完成学生管理数据库中索引的实施

(1) 为"学生"表创建姓名索引,要求升序。

(2) 为"课程"表创建类型索引,要求降序。

提示:

不同索引的设置方法。

本 章 小 结

本章主要讲述了索引与视图的概念,以及如何创建和使用索引和视图的方法,通过本章的学习,应该掌握如何使用 SSMS 工具和 T-SQL 命令创建和修改、删除视图与索引。

本 章 习 题

一、填空题

1. 索引可以对表中的数据提供_____,提高数据的_____。

2. 由于聚集索引的顺序与数据行存放的物理顺序_____,故聚集索引最适合于_____。

3. 在 T-SQL 语句中,使用_____命令可以修改视图。

4. DROP INDEX 语句不适合删除通过定义_____和_____约束创建的索引。若要删除 PRIMARY KEY 和 UNIQUE 约束创建的索引,必须通过_____来实现。

5. 视图是一个虚拟表,其结构和数据是建立在对表的_____基础上的。

二、实践题

1. 在 Students 数据库中,分别用两种方法为成绩表创建一个索引。

2. 为上面创建的索引添加一些选项,最后再用 T-SQL 语句将该索引删除。

第 7 章　T-SQL 语言编程基础

 本章解决问题

　　本章将解决的问题是当数据库建立并完成数据的存储后,为不同的程序服务,不论是一般的应用程序,还是 Web 应用程序,都将使用数据库中的数据,使用 T-SQL 语言进行程序设计是 SQL Server 的主要应用形式之一,本章将解决通过 T-SQL 语句实现与 SQL Server 数据库的通信和使用。

 本章导航

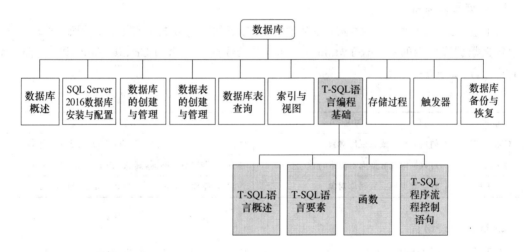

 知识目标

➢ 了解数据库编程基本命令。
➢ 了解变量的含义。
➢ 了解批处理概念。
➢ 掌握各种编程命令的基本格式。

 能力目标

➢ 掌握使用变量传递数值的方法。
➢ 掌握 T-SQL 表达式和基本控制语句。
➢ 能够编写简单的 T-SQL 程序。

7.1 T-SQL 语言概述

SQL 是 Structured Query Language(结构化查询语言)的缩写,是关系数据库使用的标准数据库查询语言。SQL 在 20 世纪 70 年代由 IBM 公司开发出来,随着关系数据库管理系统的不断推出,SQL 语言被广泛应用。为了统一各种数据库产品中 SQL 语法,ANSI(American National Standard Institute,美国国家标准局)制定了 SQL 语言标准。目前新的 ANSI SQL 标准是 1992 年制定的 SQL-92。

Microsoft SQL Server 使用的 SQL 称为 Transact-SQL(简称 T-SQL),它遵循 ANSI SQL-92 标准,并进一步扩展了 SQL 的功能。

注意:T-SQL 是 SQL Server 系统产品独有的,其他的关系数据库不支持 T-SQL。

7.1.1 T-SQL 语言组成

T-SQL 语言从功能上分为 3 类:数据定义语言 DDL(Data Definition Language)、数据处理语言 DML(Data Manipulation Language)和数据控制语言 DCL(Data Control Language)。

1. 数据定义语言

用于定义或修改数据库、数据表等对象的 SQL 语句称为数据定义语言。例如,SQL Server 中定义数据库使用的 Create Database 语句,定义数据表使用的 Create Table 语句,都是数据定义语言,如表 7-1 所示。

表 7-1 数据定义语言

语句	功能	说明
CREATE	创建数据库或数据库对象	注意,数据库对象不同,其 CREATE 语法可能不同
ALTER	对数据库或数据库对象进行修改操作	注意,数据库对象不同,其 ALTER 语法可能不同
DROP	删除数据库或数据库对象	注意,数据库对象不同,其 DROP 语法可能不同

2. 数据处理语言

用于完成数据处理的 SQL 语句称为数据处理语言。例如,完成数据查询的 Select 语句,完成添加数据的 Insert 语句,完成数据修改的 Update 语句,都是数据处理语言,如表 7-2 所示。

表 7-2 数据处理语言

语句	功能	说明
INSERT	将数据插入表或视图中	
UPDATE	修改表或视图中的数据	
DELETE	从表或视图中删除数据	
SELECT	从表或视图中检索数据	

3. 数据控制语言

用于数据库权限设置的语句称为数据控制语言。例如,授权语句 Grant、取消权限语句 Revoke 等都是数据控制语言,如表 7-3 所示。

表 7-3　数据控制语言

语句	功能	说明
GRAND	授予权限	把对象或语句的许可权限授予其他用户和角色
REVOKE	撤销权限	与 GRANT 的功能相反,把用户和角色的权限收回
DENY	收回权限,并禁止从其他角色继承权限	除了有 REVOKE 的功能外,还不允许继承许可

7.1.2　T-SQL 语句构成

每条 SQL 语句均由一个命令动词(也称关键字)开始,该关键字描述这条语句要产生的动作,如 Select 或 Update 关键字。关键字后紧跟一个或多个子句,子句中给出了被关键字作用的数据或提供关键字动作的详细信息,每一条子句也都由一个关键字开始的。其语句语法要素如表 7-4 所示。

表 7-4　T-SQL 语法要素

语法要素项	说明
{}	表示必选语法项,真正使用时{}符号不出现
[]	表示可选语法项,真正使用时[]不出现
|	分隔花括号或方括号中的多个语法项,表示多项中只能选择一项
[……n]	表示前面的语法项可以出现多次,相邻两个选项之间用英文状态的逗号隔开
[;]	可选的 T-SQL 语句终止符,实际应用时[]不能出现
<子句>::=	子句的语法定义
大写关键字	T-SQL 保留关键字

7.1.3　T-SQL 语句类型

T-SQL 语句的类型,如表 7-5 所示。

表 7-5　T-SQL 语句类型

类型	说明
变量说明语句	用来声明变量的命令
数据定义语句	用来建立数据库,数据库对象和定义列,大部分是以 Create 开头的命令
数据操纵语句	用来操纵数据库中数据的命令,如 Select,Insert,Update,Delete 等
数据控制语句	用来控制数据库组件的存取许可,存取权限等命令,如 Grant,Revoke 等
流程控制语句	用于控制应用程序流程的语句,如 If While 和 Case 等
内嵌函数	系统提供的函数。如 ABS( )函数是求绝对值

7.2　T-SQL 语言要素

7.2.1　标识符

在 T-SQL 语言中,对 SQL Server 数据库及其数据对象(比如表、索引、视图、存储过程、触发器等)需要以名称来进行命名并加以区分,这些名称就称为标识符。

通常情况下,SQL Server 数据库及各种数据对象都应该有一个标识符,但对于某些对象来说,比如约束,标识符是可选的。推荐每个对象都使用标识符。

常规标识符规则:

(1) 标识符的第一个字符一般通常就是字母 a~z 和 A~Z、下划线(_)、at 字符(@)、或符号(♯),后面可以接任何 Unicode 标准 3.2 中所定义的字符。

(2) 标识符不能是 SQL Server 内部保留字(关键字)。

(3) 标识符不允许嵌入空格符号。

7.2.2 注释

数据库编程语言在编写的过程中,需要通过注释对一些语句进行说明,以便日后维护或者其他用户读取。注释语句并不真正执行,只是起到说明的作用。有时,在语句的调试过程中,也可以通过注释命令使得某个语句暂时不执行,以完成对语句的调试作用。

1. 单行注释

使用"――"符号作为单行语句的注释符,写在需要注释的行或编码前方。

【例 7-1】 为函数进行单行注释。

```
SELECT GETDATE()        ―― 查询当前日期
```

2. 多行注释

"/＊"和"＊/"两组符号配合使用,分别写在需要注释的行前,与结束注释的行后。

【例 7-2】 将查询语句变为注释语句。代码如下:

```
/＊  SELECT ＊ FROM 学生
WHERE 学号 = 201600017 ＊/
```

7.2.3 数据类型

当在定义数据表的字段或在程序中使用变量时,都会使用到数据类型,数据类型决定了一个数据如何存储以及可以执行的操作。

T-SQL 中的数据类型可分为系统数据类型和用户自定义数据类型,下面介绍 T-SQL 的系统数据类型,如表 7-6 所示。

表 7-6 T-SQL 基本数据类型表

名称	说明	取值范围
bit	整数型:用于定义存储整数的字段和变量	0、1 或 NULL,常用于代表 Yes(No)、True(False)等
int		$-2\,147\,483\,648 \sim 2\,147\,483\,647$
tinyint		$0 \sim 255$
smallint		$-32\,768 \sim 32\,768$
binary	二进制:是指 Word 文档、Excel 电子表格以及 bmp、gif 和 jpeg 等图像文件	$1 \sim 8\,000$ 字符的定长二进制数据,比如 0x2A
varbinary		$1 \sim 8\,000$ 字符的变长二进制数据,varbinary(max)可以存储 2^{31} 个字节
image		变长达 20 亿字符的二进制数据

名称	说明	取值范围
char	字符型：指文本数据，如'数据类型'、'abc'。在 SQL Server 2016 中，使用双引号或单引号括起来的数据都为字符串	1～8 000 字符的定长、非 Unicode 字符数据
varchar		1～8 000 字符的非定长的、Unicode 字符数据 varchar（max）可以存储 2^{31} 个字符
text		变长达 20 亿字符的 unicode 字符数据
nchar	unicode 字符型：Unicode 是双字节字符编码标准。Unicode 字符串中的字符使用两个字节存储	1～4 000 定长的、unicode 字符数据
nvarchar		1～4 000 字符的非定长的、unicode 字符数据，nvarchar（max）可以存储 $2^{31}-1$ 个字符
ntext		1～1 073 741 823 字符、非定长的、unicode 字符数据
decimal	精确数值型：指精度和小数点位置固定的数，范围 $-10^{38}+1$～$10^{38}-1$	固定精度和范围的数值型数据： 1～9 位数字占 5 个字节 20～28 位数字占 13 个字节 28～38 位数字占 17 个字节
numeric		同 decimal
float	近似数值型：指小数点位置不固定的数据	$-1.79E+308$～$1.79E+308$ 之间的浮点数，占 8 字节
real		$-3.40E+38$～$3.40E+38$ 之间的浮点数，占 4 字节
datetime	日期时间型：表示日期和时间的数据	1753 年 1 月 1 日～9999 年 12 月 31 日的日期和时间，占 8 字节
smalldatetime		1900 年 1 月 1 日～2079 年 6 月 6 日的日期和时间，占 4 字节
money	货币型：指以货币符号 $ 开头的数据	-2^{63}～$2^{63}-1$ 的货币型数据，其精度都精确到小数点后 4 位
smallmoney		$-214 748.364 8$～$214 748.364 7$ 的货币型数据，其精度都精确到小数点后 4 位，占 4 字节。
timestamp	特殊类型：指一些具有特殊作用的数据类型	时间戳，用于记录 SQL Server 在一行数据的活动次序
uniqueidentifier		16 位的 16 进制数据，表示的全局唯一标识符（GUID）
sql_variant		存储除了 text、ntext、image 和 sql_variant 之外的 SQL Server 支持的各种数据类型值的数据类型
cursor		存储查询结构的数据集
table		与临时数据表类似，存储临时数据集

7.2.4　常量

常量是指使用字符或数字表示出来的字符串、数值或日期等数据，表示一个特定数据值的符号。根据数据类型，可将常量分为各种不同类型。

1. 字符串常量

字符串常量是指使用单引号作为定界符，由字母（a～z、A～Z 和汉字等）、数字（0～9）以及特殊字符（如感叹号!、@和数字号♯）等组成的字符序列，不包含任何字符的字符串，称为空字符串，表示为' '。在字符串中，可使用两个单引号来插入一个单引号。下面是字符串的示例：'abcdef' '123' '数据类型' 'abc''def'.

注意：Unicode 字符串常量前缀必须大写。

Unicode 字符串的格式与普通字符串相似，但需在字符串前面加一个 N 进行区别，下面是 Unicode 字符串的示例。

N'abcdef'　N'123　'N'数据类型'

2. 二进制常量

二进制常量是指使用 0x 做前辍的十六进制数字字符串，如下所示。

0x123,0xABC，单独的 0x 视为一个空二进制常量。

3. bit 常量

bit 常量使用数字 0 或 1 表示，并且不使用引号。如果使用一个大于 1 的数字，它将被转换为 1。

4. datetime 常量

datetime 常量是用单引号括起来的日期和时间数据，如下所示。

'2004-3-12'

'1 may,2003'

'2004 年 3 月 12 日'

'04/03/12 12:00:00'

5. 整型常量

整型常量是指不带小数点的整数，例如，123，+123，-100。

6. decimal 常量

decimal 常量是指带小数点的数，例如，123.56，+45.67，-10.005。

7. float 和 real 常量

float 和 real 常量是指使用科学记数法表示的数，例如，1.2E5，+0.45e-9，+5.7E12。

8. 货币常量

货币常量是指以 $ 符号开头的数字，例如，$12，$542023.14。

9. uniqueidentifier 常量

uniqueidentifier 常量是指表示全局惟一标识符（GUID）值的字符串，可以使用字符或二进制字符串格式指定，例如：

'6F9619FF-8B86-D011-B42D-00C04FC964FF'

0xff19966f868b11d0b42d00c04fc964ff

7.2.5　变量

在 SQL Server 数据库编程语句中，变量是可以存储数据值的对象。用户可以通过变量向 SQL 语句传递数据。在 T-SQL 中执行命令的时候，可以声明变量来临时存储各种数据。声明变量后，可以在语句中随时使用变量中的数据值。T-SQL 中的变量可以分为局部变量和全局变量。

（1）局部变量

局部变量是用户自己定义的变量，用于保存特定数据类型的对象，它的作用范围仅限制在程序内部。局部变量的使用必须先声明，后使用。

局部变量被引用时要在其名称前加上标志"@"，而且必须先用 DECLARE 命令定义后才可以使用，在声明时它被初始化为 NULL。用户可以使用 SET 语句对其进行赋值，但是需要注意的是，SET 语句必须与定义它的 DECLARE 语句在同一批处理语句中。变量只能代替数值，不能代替对象名或关键字。

局部变量的名称必须以标记@作为前缀。声明局部变量的语句如下。

DECLARE @局部变量的名称 数据类型 [,...]

如果定义多个变量，之间用逗号隔开。

【例 7-3】　声明变量和变量赋值。代码如下：

DECLARE @Str VARCHAR(20)　---声明一个可以最多存放 20 个字符的变量，名称为 Str；

DECLARE @Number INT　　---声明一个数值型的变量，名称为 Number。

局部变量的赋值有两种方法，使用 SET 或者 SELECT 语句。

SET @局部变量名 = 表达式

或者，

SELECT @局部变量名 = 表达式[,...][FROM 子句][WHERE 子句]

注意：使用 SELECT 语句给变量赋值，如果省略了 FROM 子句和 WHERE 子句，就等同使用 SET 语句赋值。

【例 7-4】　声明变量和变量赋值。代码如下：

SET @Str = "SQL SERVER"　　---给变量@Str 赋值；

SELECT @Number = 10　　---声明一个数值型的变量，名称为 Number。

（2）全局变量

全局变量由 SQL Server 系统定义和维护，用户可以直接使用。其作用范围并不仅仅局限于某一程序，而是任何程序均可以随时调用；全局变量名由@@符号开始，用户不能定义全局变量，也不能设置和修改全局变量的值。

常见的全局变量如表 7-7 所示，具体应用在后续章节中举例说明。

表 7-7　常见的全局变量

变量	含义
@@ERROR	最后一个 T-SQL 错误的错误号
@@IDENTITY	最后一个插入的标识值
@@LANGUAGE	当前使用语言的名称
@@MAX_CONNECTIONS	可以创建的同时连续的最大数目
@@ROWCOUNT	受上一个 SQL 语句影响的行数
@@SERVERNAME	本地服务器的名称
@@SERVICENAME	该计算机上的 SQL 服务器名称
@@TIMETICKS	当前计算机上每刻度的微秒数
@@TRANSCOUNT	当前连接打开的事务数
@@VERSION	SQL Server 的版本信息

7.2.6 运算符与表达式

T-SQL 的运算符可分为算术运算符、赋值运算符、位运算符、比较运算符、逻辑运算符、字符串连接符和一元运算符,下面分别进行介绍。

1. 算术运算符

算术运算符用于完成两个表达式的数学运算,表 7-8 列出了各个算数运算符。

表 7-8 算数运算符

运算符	说明	例子
+	加法	2+5
−	减法	5−2
*	乘法	3 * 2
/	除法	6/3
%	求余	5%3

2. 赋值运算符

赋值运算符只有一个,即＝(等号),用于为字段或变量赋值。例如,下面的语句先定义一个 int 变量 x,然后将其值赋为 123。

DECLARE @x int

SET @x = 123

3. 位运算符

位运算符用于在两个数之间执行位操作,T-SQL 的位运算符如表 7-9 所示。

表 7-9 位运算符操作

运算符	说明	例子
&	按位与运算	9&3＝1
按位与运算	按位或运算	9|3＝11
^	9	9^3＝10
~	按位取反运算	~9＝−10

注意:位运算符的操作数可以是整型或二进制数据类型(binary 和 varbinary,但不包括 image 数据类型)的任何数据,并且,两个操作数不能同时是二进制数据。

4. 比较运算符

比较运算符用于测试两个表达式是否相等,除了 text、ntext 或 image 数据类型的表达式外,比较运算符还可用于其他所有类型的表达式。如表 7-10 所示列出了比较运算符及其含义。

表 7-10　比较运算符及含义

运算符	含义
=	等于
<	大于
>	小于
<=	小于等于
>=	大于等于
<>	不等于
! =	不等于(非 SQL-92 标准)
! >	不大于(非 SQL-92 标准)
! <	不小于(非 SQL-92 标准)

比较运算的结果为布尔数据类型,它有 3 种值:TRUE、FALSE 和 UNKNOWN。

注意:当 SET ANSI_NULLS 为 ON 时,带有一个或两个 NULL 表达式的比较运算结果为 UNKNOWN。当 SET ANSI_NULLS 为 OFF 时,上述规则同样适用,但两个 NULL 表达式相等比较运算结果为 TRUE。

布尔数据类型比较特殊,不能用于定义变量或表中字段的数据类型,也不能在结果集中返回布尔数据类型。

布尔表达式通常用在 WHERE 子句或流控制语言语句(如 IF 和 WHILE)中表示条件,如下所示。

【例 7-5】 查询成绩表中期末成绩大于 90 的记录:

```
USE Students          -- 指定查询使用的数据库
DECLARE @x int        -- 声明一个变量@x
SET @x = 90
IF (@x <> 0)          -- 根据条件执行查询
    SELECT *
    FROM 成绩
    WHERE 期末成绩 > @x
```

5. 逻辑运算符

逻辑运算符用于对某个条件进行测试,和比较运算符一样,逻辑运算的运算结果为布尔数据(TRUE 或 FALSE)。如表 7-11 所示列出了逻辑运算符及其含义。

表 7-11　逻辑运算符及含义

运算符	含义
AND	如果两个布尔表达式的值都为 TRUE,结果为 TRUE
OR	如果两个布尔表达式的值都为 FALSE,结果才为 FALSE
NOT	取反,TURE 取反结果为 FALSE,FALSE 取反结果为 TRUE

6. 字符串连接符

字符串连接运算是指使用加号(＋)将两个字符串连接成一个字符串,加号作为字符串连接符。例如,'abc' ＋'123'结果为'abc123'.

7. 运算符的优先顺序

如果一个表达式中使用了多种运算符,则运算符的优先顺序决定计算的先后次序。计算时,从左向右计算,先计算优先级高的运算,再计算优先级低的运算。下面列出了运算符的顺序。

从高到低
+(正)、-(负)、~(按位取反)
*(乘)、/(除)、%(求余)
+(加)、+(字符串连接)、-(减)
比较运算符：= ,＞,＜,＞＝,＜＝,＜＞,！ ＝,！ ＞,！ ＜
位运算：^(位异或)、&(位与)、|(位或)
NOT
AND
ALL、ANY、BETWEEN、IN、LIKE、OR、SOME ＝(赋值)

同一级别中的运算符优先级相同。

7.3 函 数

SQL Server 2016 提供了内置函数方便用户使用,本节将介绍一些常用的函数。

7.3.1 常用函数

1. 数学函数

数学函数通常对作为参数提供的输入值执行计算,并返回一个数字值。常用的数学函数如表 7-12 所示。

表 7-12 常用函数

分类	函数名	功能
符号函数	ABS(x)	求绝对值
	SIGN(x)	若 x>0,SIGN(x)＝1;x<0,SIGN(x)＝1;x=0,SIGN(x)＝0;
三角函数	SIN(x)	求指定值(以弧度为单位)的正弦
	COS(x)	求指定值(以弧度为单位)的余弦
	TAN(x)	求指定值(以弧度为单位)的正切
	COT(x)	求指定值(以弧度为单位)的余切
反三角函数	ASIN(x)	求指定值(以弧度为单位)的反正弦值
	ACOS(x)	求指定值(以弧度为单位)的反余弦值
	ATAN(x)	求指定值(以弧度为单位)的反正切值
	ACOT(x)	求指定值(以弧度为单位)的反余切值

分类	函数名	功能
角度与弧度转换函数	DEGREES(x)	求指定值(以弧度为单位)对应的角度值
	RADINANS(x)	求指定值(以角度为单位)对应的弧度值
幂函数	EXP(x)	求指定值的幂函数值,e=2.718 28
	LOG(x)	计算以 2 为底的自然对数值
	LOG10(x)	计算以 10 为底的自然对数值
	POWER(x,n)	计算 x^n
	SQRT(x)	计算 x 的平方根
	SQUARE(x)	计算 x 的平方
	ROUND(x,n,[f])	按指定的精度对 x 四舍五入计算
边界函数	FLOOR(x)	求小于或等于 x 的最大整数
	CEILING(x)	求大于或等于 x 的最小整数
随机函数	RAND(x)	返回大于 0,小于 1 的一个随机数,x 是提供种子值的整数表达式
PI 函数	PI()	返回浮点数形式的圆周率

在表 7-12 中,ROUND(x,n[,f])函数按由 n 指定的精度和由 f 指定格式对 x 四舍五入,如果省略参数 f,其默认值为 0,则按由 n 指定的精度四舍五入,如果 f 为其他值,则执行截断。参数 n 如果为负数,并且 n 的绝对值大于 x 整数部分的数字个数,则结果为 0。ROUND(x,n[,f])函数举例如下。

```
ROUND(534.56, 1)        --结果为 534.60
ROUND(534.56, 0)        --结果为 535.00
ROUND(534.56, -1)       --结果为 530.00
ROUND(534.56, -2)       --结果为 500.00
ROUND(534.56, -3)       --结果为 1 000.00
ROUND(534.56, -4)       --结果为 0.00
```

2. 字符串函数(表 7-13)

表 7-13　字符串函数

函数名称	格式	功能	例子
ASCII	ASCII(character_expression)	求 character_expression(char 或 varchar 类型)左端第一个字符的 ASCII 码,返回值数据类型是 int	ASCII('abcd') 结果为 a 的 ASCII 码 97
CHAR	CHAR(integer_expression)	求 ASCII 码 integer_expression 对应的字符,integer_expression 的有效范围为[0,255],如果超出范围,则返回值 NULL。返回值数据类型:CHAR	CHAR(97)结果为'a'
CHARINDEX	CHARINDEX(expression1,expression2[,start])	在 expression2 中由 start 指定的位置开始查找 expression1 第一次出现的位置,如果没有找到,则返回 0。如果省略 start,或 start≤0,则从 expression2 的第一个字符开始。返回值数据类型:int	CHARINDEX('ab','123abc123abc') 结果为 4

函数名称	格式	功能	例子
LEFT	LEFT(expression1,n)	返回字符串 expression1 从左边开始 n 个字符组成的字符串。如果 $n=0$,则返回一个空字符串 返回值数据类型:varchar	LEFT('abcde',3) 结果为'abc'
RIGHT	RIGHT(expression1,n)	返回字符串 expression1 从右边开始 n 个字符组成的字符串。如果 $n=0$,则返回一个空字符串 返回值数据类型:varchar	RIGHT('abcde',3) 结果为'cde'
SUBSTRING	SUBSTRING (expression1,start,length)	返回 expression1(数据类型为字符串、binary、text 或 image)中从 start 开始长度为 length 个字符或字节的子串 返回值数据类型:与 expression1 数据类型相同,但 text 类型返回值为 varchar,image 类型返回值为 varbinary,next 类型返回值为 nvarchar	SUBSTRING('abcde123 ',3,4)结果为'cde1'
LEN	LEN(expression1)	返回字符串 expression1 中的字符个数,不包括字符串末尾的空格 返回值数据类型:int	LEN('abcde')结果为 5
LOWER	LOWER(expression1)	将字符串 expression1 中的大写字母替换为小写字母 返回值数据类型:varchar	LOWER('12ABC45 * % ^ def ')结果为'12abc45 * %^def'
UPER	UPER(expression1)	将字符串 expression1 中的小写字母替换为大写字母 返回值数据类型:varchar	UPER('12ABC45 * % ^ def ')结果为'12ABC45 * %^DEF'
LTRIM	LTRIM(expression1)	删除字符串 expression1 左端的空格 返回值数据类型:varchar	LTRIM('12AB')结果为'12AB'
RTRIM	RTRIM(expression1)	删除字符串 expression1 末尾的空格 返回值数据类型:varchar	LTRIM('12AB')结果为'12AB'
REPLACE	REPLACE(expression1, expression2,expression3)	将字符串 expression1 中所有的子字符串 expression2 替换为 expression3 返回值数据类型:varchar	REPLACe('abcdeabcdeabcde','de','12')结果为'abc12abc12abc12'
REVERSE	REVERSE(expression1)	按相反顺序返回字符串 expression1 中的字符 返回值数据类型:varchar	REVERSE ('edcba')结果为 abcde
SPACE	SPACE(n)	返回包含 n 个空格的字符串,如果 n 为负数,则返回一个空字符串 返回值数据类型:char	
STR	STR(expression1[, length[,decimal]])	将数字数据转换为字符数据。length 为转换得到的字符串总长度,包括符号、小数点、数字或空格,如果数字不够,则在左端加入空格补足长度,如果小数部分超过总长度,则进行四舍五入,length 的默认值为 10,decimal 为小数位位数	str(123,6) 结果为' 123' str(123.456,8,2) 结果为' 123.46' str(123.456,5,2) 结果为'123.5'

3. 日期时间函数

表 7-14　日期时间函数

函数	格式	功能	例子
DATEADD	DATEADD (datepart,n,date)	在 date 指定日期时间的 datepart 部分加上 n,得到一个新的日期时间值。返回值数据类型:datetime,如果参数 date 为 smalldatetime,则返回值为 smalldatetime 类型	dateadd (yy, 2, ' 1993-3-4 ') 结果为'1993-05-04 00:00:00.000'
DATENAME	DATENAME (datepart,date)	返回日期 date 中由 datepart 指定的日期部分的字符串 返回值数据类型:nvarchar	datename(yy,'1993-3-4')结果为'1993' datename(m,'1993-3-4')结果为'03' datename (d,'1993-3-4')结果为'4'
DATEPART	DATEPART (datepart,date)	与 DATENAME 类似,只是返回值为整数 返回值数据类型:int	datepart(yy,'1993-3-4')结果为 1993 datepart (m,'1993-3-4')结果为 3 datepart (d,'1993-3-4')结果为 4
GETDATE	GETDATE()	按 SQL Server 2016 内部标准格式返回系统日期和时间 返回值数据类型:datetime	getdate() 结果为 2016-11-13 21:51:32.390
YEAR	YEAR(date)	返回指定日期 date 中年的整数 返回值数据类型:int	year('2016-11-5') 结果为 2016
MONTH	MONTH(date)	返回指定日期 date 中月份的整数 返回值数据类型:int	month('2016-11-5') 结果为 11
DAY	DAY(date)	返回指定日期 date 中天的整数 返回值数据类型:int	day('2016-11-5') 结果为 5

注意:datepart 的格式短语:Year:(yy 或 yyyy);Month(m 或 mm);Day(d 或 dd);
dayofyear(d 或 dy);Week(wk 或 ww);Hour(hh);minute(n 或 mi);second(s 或 ss)。

4. 聚合函数

SQL Server 2016 提供的聚合函数可以计算数字列值。常用的聚合函数如表 7-15 所示。

表 7-15　系统函数

函数	功能	例子
AVG()	计算某列的平均值	SELECT AVG(学分) FROM 选课;——计算所有课程的平均学分
SUM()	计算表达式的和	SELECT SUM(学分) FROM 选课;——计算所有选课课程的学分
COUNT()	执行列、行的统计	SELECT COUNT(＊) FROM 选课;——统计选课总数
MAX()	返回最大值	SELECT　MAX(学分) FROM 选课;——返回学分最高的课程
MIN()	返回最小值	SELECT　MIN(学分) FROM 选课;——返回学分最低的课程
DISTINCT()	指定列的唯一非空值	SELECT COUNT(＊) DISTINCT FROM 教材;——统计教材数量,重复的教材值计算一次

7.4　T-SQL 程序流程控制语句

在 SQL Server 数据库编程中,流程控制语句主要用于控制程序的运行顺序。主要有顺序执行语句块、条件语句块、分支语句块等。

7.4.1　PRINT 输出语句

在 SQL Server 2016 中,PRINT 输出语句常常用来将结果返回给客户端,是很常用的一种语句。PRINT 语句只允许显示常量、表达式或变量,允许现实列名。

常用的输出语句有两种,它们的语法如下。

PRINT 局部变量或字符串或字符串表达式

SELECT 局部变量 as 自定义字段名

其中第二种方式是 SELECT 语句的一种特殊用法。

【例 7-6】　查询是否有班级代码为"rj1203"的班级,如果有就输出相关的班级信息。代码如下:

```
USE Students;
IF exists (SELECT * FROM 班级
WHERE 班级代码 = 'rj1203')
PRINT '存在这个班级'
ELSE
PRINT '不存在这个班级'
```

执行结果如图 7-1 所示。

图 7-1　执行结果

7.4.2　GO 批处理语句

批处理是由一条或多条语句构成的语句块,语句块中的语句作为整体一起提交给 SQL Server 执行。SQL Server 2016 会将批处理编译成一个可执行单元,此单元被称为执行计划。批处理使用"GO"作为批处理的标志。

如果批处理中的语句有编译错误,如语法错误,则该执行计划无法编译,导致批处理中的任何语句不能执行。

如果批处理的语句在运行时遇到错误,系统将停止当前语句及其后面的语句,而其前面已经执行的语句则不受影响,除非其包含在事务当中。

7.4.3　GOTO 跳转语句

GOTO 语句用于执行流程跳转到 SQL 代码中指定标签处,也就是跳过 GOTO 后的语句块,到达标签指定的地方继续执行,它的语句格式如下:

```
GOTO 标签处
    语句块 1
标签处:
    语句块 2
```

当程序执行到 GOTO 语句时,直接跳到标签定义的地方,执行语句块 2。

【例 7-7】　利用 GOTO 语句完成 1+2+3+4+5 的计算。代码如下:

```
DECLARE @sum INT,@x INT
SET @sum = 0;
SET @x = 1
LABEL:
SET @sum = @sum + @x
SET @x = @x + 1
IF @x<5 GOTO LABEL
PRINT ('目前 sum 的值为:' + CONVERT(varchar(10),@sum))
```

执行结果如图 7-2 所示。

目前sum的值为:10

图 7-2　执行结果

7.4.4　RETURN 返回语句

RETURN 语句实现从某个语句块中无条件退出的功能,语法如下:

```
RETURN [整数表达式]
```

【例 7-8】　实现当变量 sum 的值大于等于 5 就不执行加法操作。代码如下:

```
DECLARE @sum INT,@x INT
SET @sum = 6;
SET @x = 1
IF @sum<5
BEGIN
SET @sum = @x + @sum
PRINT @sum
END
ELSE RETURN
```

此时,由于 sum 的值为 6,不小于 5,所以程序直接退出。

7.4.5　BEGIN…END 语句块

BEGIN…END 语句用于将多条 T-SQL 语句封装组合为一个语句块,这样可以把它看成单一的一条语句,这样语句块要么整体执行,要么整体不执行。基本语法格式如下:

```
BEGIN
    {语句或语句块}
```

END

BEGIN…END 语句可以嵌套使用。

7.4.6 IF…ELSE 条件语句

IF ELSE 用于实现程序选择结构使用。其含义就是"如果条件满足,执行语句块;否则(即不满足条件)不执行语句块"。

IF…ELSE 的语法结构。

```
if(条件表达式)
{
语句块 1
}
else
{
语句块 2
}
```

其中条件表达式是用来选择判断程序的流程走向,程序在实际执行过程中,如果条件表达式的取值为 true,则执行 IF 分支的语句块,否则执行 ELSE 分支的语句块,如图 7-3 所示。在编写程序时也可以不书写 ELSE 分支,此时若条件表达式的取值为假,则绕过 IF 分支直接执行 IF 语句后面的其他语句,如图 7-4 所示。

如果有多条语句,需要使用语句块,语句块使用 BEGIN…END 表示。

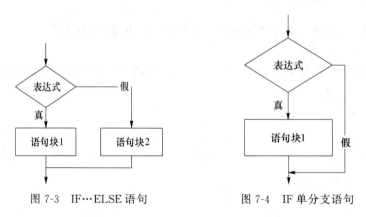

图 7-3　IF…ELSE 语句　　　　图 7-4　IF 单分支语句

【例 7-9】　如果条件表达式成立(@a＝@b),输出"a 与 b 是相等的",否则输出"a 与 b 是不相等的"。代码如下:

```
DECLARE @a INT
DECLARE @b INT
SET @a = 10
SET @b = 11

IF (@a = @b)
    PRINT 'a 与 b 是相等的'
```

142

ELSE

PRINT 'a 与 b 是不相等的'

执行结果如图 7-5 所示。

图 7-5　执行结果

7.4.7　CASE 多分支判断语句

当 T-SQL 程序中出现分支情况很多时,虽然 if 语句的多层嵌套可以实现,但会使程序变得冗长且不直观。为改善这情况,可以用 case 语句来处理多分支的选择问题。

在 SQL Server 2016 中,CASE 表达式有两种格式。

(1) 简单 CASE 表达式语句

简单 CASE 表达式的语法如下:

```
CASE 表达式
    WHEN 表达式 1 THEN〈结果表达式 1〉
    WHEN 表达式 2 THEN〈结果表达式 2〉
    [···n]
    ELSE〈其他结果表达式〉
END
```

简单 CASE 表达式的执行过程是将 CASE 后的表达式结果与各 WHEN 后面的表达式进行比较,如果相等,则返回对应的结果表达式的值,然后退出 CASE 语句;如果没有相匹配的 WHEN 语句表达式,则执行 ELSE 语句后的结果表达式的值。

【例 7-10】　查询班级信息,其中班级代码的信息根据代码显示不同的信息,如班级代码为 rj1202 显示信息为软件 1202。代码如下:

```
USE Students;
SELECT 班级名称,专业代码,班级代码 =
CASE 班级代码
WHEN 'rj1202' THEN '软件 1202'
WHEN 'rj1201' THEN '软件 1201'
WHEN 'rj1301' THEN '软件 1301'
WHEN 'rj1401' THEN '软件 1401'
ELSE '其他班级'
END
FROM 班级
GO
```

执行结果如图 7-6 所示。

(2) 搜索 CASE 语句

搜索 CASE 语句语法格式如下:

```
CASE
    WHEN 逻辑表达式 1 THEN〈结果表达式 1〉
```

结果　消息

	班级名称	专业代码	班级代码
1	大数据技术1402	dsjjs	其他班级
2	大数据技术1301	dsjjs	其他班级
3	大数据技术1302	dsjjs	其他班级
4	大数据技术1401	dsjjs	其他班级
5	软件技术1201	rjjs	软件1201
6	软件技术1202	rjjs	软件1202
7	软件技术1203	rjjs	其他班级
8	软件技术1301	rjjs	软件1301
9	软件技术1302	rjjs	其他班级

图 7-6　执行结果

```
    WHEN 逻辑表达式 2 THEN〈结果表达式 2〉

    [...n]
    ELSE〈其他结果表达式〉
END
```

搜索 CASE 语句的执行过程是执行 WHEN 子句的逻辑表达式的值，如果为真(TRUE)，则结果是 THEN 后面的结果表达式的值，然后退出 CASE 语句；为假(FALSE)，则继续执行下一条 WHEN 逻辑表达式，直至结束。

7.4.8　WHILE 循环语句

循环语句是在给定条件成立时，反复执行一条 SQL 语句或一个语句块，直到条件不成立为止。给定的条件称为循环条件，反复执行的程序段称为循环体。WHILE 循环语句可以根据判断条件反复执行。

循环中使用 CONTINUE 和 BREAK 关键字来控制语句的执行。BREAK 语句的功能为跳出循环，一旦遇到 BREAK 命令，循环结束；CONTINUE 用于重新开始一次 WHILE 循环，一旦遇到 CONTINUE，其后的语句将不被执行，而是跳至循环语句开始的语句开始执行。WHILE 语句的语法结构如下(图 7-7)。

```
WHILE〈条件表达式〉
        〈语句或语句块〉
      [BREAK]
        〈语句或语句块〉
      [CONTINUE]
        〈语句或语句块〉
```

【例 7-11】 假设变量 x 的初始值为 0，现在连续为其加数，每次加 1，直到 x 的值为>=5 为止，并输出每次加数后的结果。代码如下：

```
DECLARE @x int,@y int
SET @x = 0;
WHILE @x<5
   BEGIN
      SET @x = @x + 1
      PRINT '目前 X 的值为:' + CONVERT(CHAR(1),@x)
   END
```

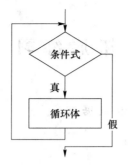

图 7-7　WHILE 语句

执行结果如图 7-8 所示。

图 7-8　WHILE 执行结果

7.4.9　TRY…CATCH 语句

TRY…CATCH 语句是用于处理程序中可能出现异常的情况,比如,当执行 A/B 时,当 B 为 0,就有可能异常。

TRY…CATCH 语句处理过程是:当执行 TRY 语句块时,如果其中的代码执行出现错误,系统会将控制权交给 CATCH 语句块处理,其语法格式如下:

```
BEGIN TRY
语句块 1
END TRY
BEGIIN CATCH
语句块 2
END CATCH
```

【例 7-12】　假设变量 a,b 有,执行 a 除以 b 并输出执行结果。代码如下:

```
DECLARE @x int,@y int
SET @x = 8;SET @y = 0;
BEGIN TRY
PRINT ('x 除以 y 的值为:' + @x/@y)
END TRY
BEGIN CATCH
PRINT ('x 除以 y 的值为异常')
END CATCH
```

执行结果如图 7-9 所示。

图 7-9　执行结果

拓 展 练 习

实训任务一：使用变量查看系统和数据信息

(1) 全局变量和局部变量的使用。

(2) 输出语句的使用。

提示：

(1) 查看本地的服务器名称和数据库系统版本。

(2) 分别查看学生的基本信息(姓名,专业)和成绩信息(学号,课程编号,成绩)。

使用变量的传递来完成,目的是练习最基本的变量使用方法。

实训任务二：使用 WHILE 和 CASE…END 语句编写程序

(1) 编写一个 T-SQL 语句,使用 WHILE 循环语句计算 1 到 100 的奇数和,并输出结果。

(2) 查询学生成绩表的期末成绩,使用 CASE 多分支语句实现成绩的分类,成绩在 90 分到 100 分的为优秀,成绩在 80 分到 90 分之间的为良好;成绩在 70 分到 80 分之间的中等,成绩在 60 分到 70 分之间的为合格,否则为不及格。

提示：

(1) WHILE 循环语句的用法。

(2) CASE 多分支语句的用法。

本 章 小 结

本章介绍了 T-SQL 的基本知识,包括数据类型,语法规则、T-SQL 表达式、内置函数、流程控制语句,这些基本知识是 T-SQL 语言的基础,在 T-SQL 编程时,需要与数据库技术紧密结合。

本 章 习 题

一、填空题

1. SQL 中的语句可分为数据定义语言、_____和_____ 3 类。

2. 表达式是_____和_____的组合。

3. T-SQL 中的整数数据类型包括 bigint、_____、smallint、_____和 bit5 种。

4. 一个 Unicode 字符串使用_____个字节存储,而普通字符采用_____个字节存储。

5. 可使用_____命令来显示函数结果。

二、选择题

1. 字符串常量使用( )作为定界符。

　　A. 单引号　　　　　　B. 双引号　　　　　　C. 方括号　　　　　　D. 花括号

2. 已经声明了一个字符型的局部变量 @n,下列语句中,能对该变量赋值的语句是( )。

　　A. @n='HELLO'　　　　　　　　　　B. SELECT @n='HELLO'

　　C. SET @n='HELLO'　　　　　　　　D. SELECT @n=HELLO

3. 表达式'123'+'456'的结果是( )。

　　A. '579'　　　　　　B. 579　　　　　　C. '123456'　　　　　　D. '123'

4. 表达式 Datepart(yy,'2004-3-13')+2 的结果是( )。

　　A. '2004-3-15'　　　B. 2004　　　　　C. '2006'　　　　　D. 2006

5. SQL 语言中,不是逻辑运算符的是( )。

　　A. AND　　　　　　B. NOT　　　　　　C. OR　　　　　　D. XOR

三、综合题

1. 下面语句有无错误,如果有,该如何修改才能正确显示 a 的值为 5?

```
DECLARE @a int
SELECT @a = 3
GO
SET @a = @a + 1
SELECT @a
```

2. 在 Students 数据库中查询期末成绩小于 40 的学生总数,并计算某门课程的平均成绩。

第8章 存储过程

本章解决问题

在前面 T-SQL 编程语言介绍的 DDL（数据定义语言）、DML（数据操作语言）和 DCL（数据控制语言）基本是单一执行一条 T-SQL 语句。本章将解决如何创建多个 T-SQL 基本语句和流程控制语句形成的数据库对象：存储过程、触发器。它们是一组编译好的、存储在服务器上的能完成特定功能的 T-SQL 程序。

本章导航

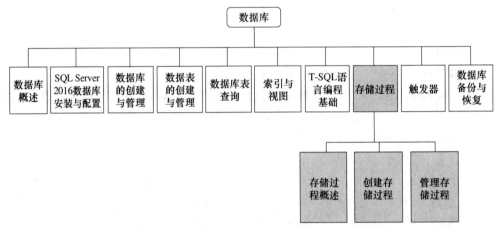

知识目标

➢ 理解存储过程的基本概念。
➢ 掌握创建存储过程的方法。
➢ 掌握管理存储过程的运用。

能力目标

➢ 能根据功能需求和数据库完整性要求完成存储过程设计。

8.1 存储过程概述

存储过程是 SQL Server 服务器上一组预先编译好的 T-SQL 语句。它以一个名称存储在数据库中,可以作为一个独立的数据库对象,也可以作为一个单元供用户在应用程序中调用。

8.1.1 存储过程概念

存储过程是一种数据库对象,是为了实现某个特定任务,将一组预编译的 SQL 语句以一个存储单元的形式存储在服务器上,供用户调用。存储过程在第一次执行时进行编译,然后将编译好的代码保存在高速缓存中以便以后调用,这样可以提高代码的执行效率。

存储过程的类型有:

1. 系统存储过程

由 SQL Server 系统自身提供的存储过程,可以作为命令执行各种操作。使用系统存储过程主要用来从系统中获取信息、完成数据库服务器的管理工作,通常以 sp_开头。下面是几种常用的系统存储过程。

(1) sp_helpdb:用于查看数据库名称及大小。

(2) sp_helptext:用于显示规则、默认值、未加密的存储过程、用户定义函数、触发器或视图的文本。

(3) sp_renamedb:用于重命名数据库。

(4) sp_rename:用于更改当前数据库中用户创建对象(如表、列或用户定义数据类型)的名称。

(5) sp_helplogins:查看所有数据库用户登录信息。

(6) sp_helpsrvrolemember:用于以查看所有数据库用户所属的角色信息。

2. 用户存储过程

用户使用 T-SQL 语句编写的、为了实现某一特定业务需求,在用户数据库中编写的 T-SQL 语句集合。用户存储过程可以接受输入参数、向客户端返回结果和信息、返回输出参数等。

3. 扩展存储过程

为了扩展 SQL Server 的功能提供的一种方法,可以动态地加载和执行动态链接库中的函数。扩展存储过程以 xp_开头。

存储过程特点:

(1) 接收输入参数并以输出参数的形式将多个值返回至调用过程或批处理。

(2) 包含执行数据库操作(包括调用其他过程)的编程语句。

(3) 向调用过程或批处理返回状态值,以表明成功或失败以及失败原因。

8.1.2 存储过程的优点

存储过程是用于完成某项任务,在一次编译后可以执行多次,操作语句可以在一个存储过程中调用另一存储过程,其具有如下优点:

(1) 改善系统性能。因为存储过程是经过编译的 SQL 语句,所以在执行的过程中直接调用,不再进行编译。如果将一些需要大量操作的语句创建为存储过程,那么在后续的执行过程中,要比每次单独执行语句效率提高很多。

(2) 提供一种安全机制。用户可以被授予权限来执行存储过程而不必直接对存储过程中引用的对象具有权限。

（3）重用性。存储过程一旦定义完成，用户就可以反复调用。

（4）减少网络流量。由于存储过程是存储在服务器上的已编译 T-SQL 代码，用户通过一条存储过程命令就可执行。

本章主要介绍用户定义存储过程的 T-SQL 存储过程。

8.2　创建存储过程

在 MS SQL Server 2016 中，创建一个存储过程有两种方法：一种是使用可视化界面工具 SQL Server Management Studio（SSMS）创建；另一种是 T-SQL 语句 Create Procedure 命令创建。

8.2.1　使用可视化界面管理工具 SSMS 创建存储过程

（1）在"对象资源管理器"窗格中，展开"数据库"结点，展开需要创建存储过程的数据库（Students），展开"可编程性"结点，右键单击"存储过程"，如图 8-1 所示。

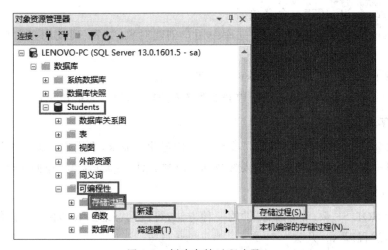

图 8-1　创建存储过程步骤

（2）在弹出的快捷菜单中，鼠标定位到"新建"，选中"存储过程"打开查询分析器。在打开的查询窗口中会出现存储过程的模板，修改"存储过程名"和相应的"SQL 语句"。如图 8-2 所示。

图 8-2　在存储过程模板中创建简单存储过程

（3）单击 SQL 编辑器工具栏上的"执行"按钮，运行成功后，即可完成创建简单的存储过程 proc_cx。在"Students"|"可编程性"|"存储过程"可以看到新建的 proc_cx 存储过程，如图 8-3 所示。

图 8-3　成功创建的存储过程

8.2.2　使用 CREATE PROC 语句创建存储过程

创建存储过程与使用存储过程模板创建存储过程的方法类似，其语法格式如下。

CREATE PROC[EDURE]〈存储过程名〉

[@〈参数名〉〈参数类型〉[=〈默认值〉][OUTPUT]][,…n]

[WITH {RECOMPILE|ENCRYPTION|RECOMPILE,ENCRYPTION}]

[FOR REPLICATION]

AS〈SQL 语句组〉

语句中参数含义说明如下：

- 存储过程名：指将要建立的存储过程的名称。
- @〈参数名〉：是存储过程的参数。参数包括输入参数和输出参数。用户在调用存储过程时，必须提供输入参数的值，除非定义了输入参数的默认值。
- OUTPUT：指示参数是输出参数。使用输出参数可将执行结果返回给调用方。
- WITH RECOMPILE：表明 SQL Server 将不对该存储过程计划进行高速缓存；该存储过程将在每次执行时都重新编译。当存储过程的参数值在各次执行都有较大差异，或者创建该存储过程后数据发生显著更改时才应使用此选项。
- WITH ENCRYPTION：对存储过程的文本加密。
- FOR REPLICATION：表示创建的存储过程只能在复制过程中执行，此选项不能和 WITH RECOMPILE 选项一起使用。

1. 创建无参存储过程

语法格式：

CREATE PROC[EDURE]〈存储过程名〉

AS

BEGIN

〈SQL 语句组〉

END

【例 8-1】　在 Students 数据库中，创建存储过程为 proc_1，要求该存储过程查询学生表中所有女生的姓名、班级代码。在 SQL 查询编辑器，输入如下代码：

CREATE PROCEDURE proc_1

AS

BEGIN

    SELECT 姓名,班级代码 from 学生 where 性别 ='女 '

END

运行结果如图 8-4 所示。

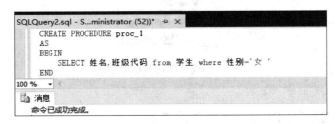

图 8-4　创建无参数存储过程

2. 创建带输入参数的存储过程

语法格式如下：

CREATE PROC[EDURE]〈存储过程名〉

  [@〈参数名〉〈参数类型〉[=〈默认值〉]][,…n]

AS〈SQL 语句组〉

【例 8-2】　创建存储过程名为 proc_2,输入班级代码,查询指定班级学生记录情况。在 SQL 查询编辑器中输入如下代码：

USE Students

GO

CREATE PROC proc_2 @班级代码 char(6)

AS

BEGIN

SELECT 学号,姓名,性别,出生日期,班级代码,联系电话,家庭住址,备注

FROM 学生

WHERE 班级代码 = @班级代码

运行结果如图 8-5 所示。

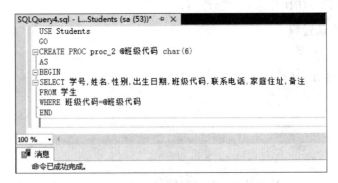

图 8-5　创建带输入参数存储过程

3. 创建带输出参数的存储过程

语法格式如下：

```
CREATE PROC[EDURE]〈存储过程名〉
With ENCRYPTION
[@〈参数名〉〈参数类型〉[ =〈默认值〉]][,…n] OUTPUT
AS〈SQL 语句组〉
```

【**例 8-3**】 使用 T-SQL 语句在"Students"数据库中创建一个名为 proc_3 的存储过程。该存储过程能根据用户给定的学历值,统计出"教师"表中学历为该值的教师人数,并将结果以输出变量的形式返回给调用者。代码如下:

```
CREATE PROC proc_3 @学历 char(6),@total smallint output
    AS
    BEGIN
    SELECT @total = count( * )
    FROM 教师
    WHERE 学历 = @学历
    END
```

执行结果如图 8-6 所示。

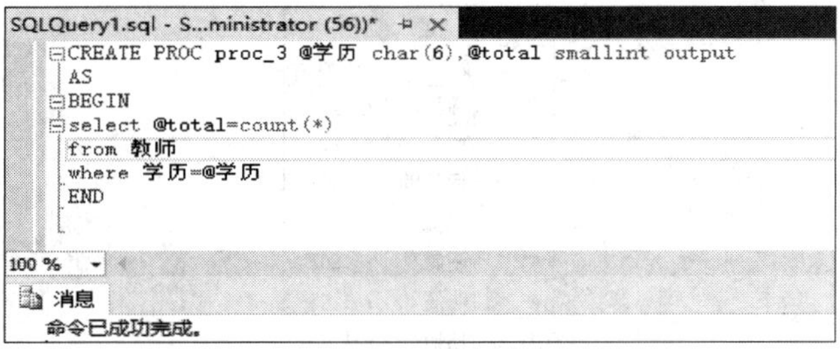

图 8-6 创建带输出参数存储过程

在"查询编辑器"中输入如下语句,执行语句,统计出学历为用户指定学历的教师人数。因为存储过程有结果输出,因此在执行过程中,需要将结果赋给某个变量。

```
DECLARE @ tal smallint
EXEC proc_3 '研究生',@tal output
SELECT @tal
```

说明:【例 8-3】中用到的执行存储过程的内容将在管理存储过程中的执行存储过程中给大家介绍。

8.3 管理存储过程

8.3.1 执行存储过程

当存储过程创建后,用户可以多次使用存储过程,使用存储过程的语法格式如下:

```
[EXEC[UTE]][@状态值 = ]〈存储过程名〉
```

[[@〈参数名〉=]{参数值|@变量 [output]}][,…n]

@状态值:用于保存存储过程的返回状态。

@参数名:是创建存储过程时定义的参数。如果没有此可选项,各实际参数的顺序必须与定义的参数一致。

@变量:用来存储实际参数或返回参数的变量。当存储过程中有输出参数时,只能用变量来接收输出参数的值,并在变量后加上 output 关键字。

1. 执行无参数存储过程

执行不带参数存储过程的语法格式:

[EXEC[UTE]] 存储过程名。

【例 8-4】 执行存储过程 proc_1,查询学生表中女生的姓名、班级代码。在"查询编辑器"中输入如下代码:

```
USE Students
GO
EXEC proc_1
```

单击工具栏中的"执行"命令,执行结果如图 8-7 所示。

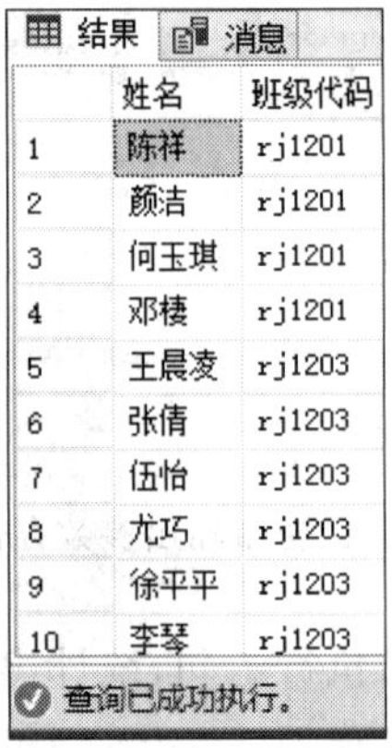

	姓名	班级代码
1	陈祥	rj1201
2	颜洁	rj1201
3	何玉琪	rj1201
4	邓楼	rj1201
5	王晨凌	rj1203
6	张倩	rj1203
7	伍怡	rj1203
8	尤巧	rj1203
9	徐平平	rj1203
10	李琴	rj1203

图 8-7 执行 proc_1 存储过程

2. 执行带输入参数的存储过程

执行带输入参数的存储过程有两种方式:一种是利用参数名传递参数,另一种是按位置传递参数。

(1) 使用参数名传递参数

在执行存储过程的语句中,通过语句@参数名=值,给参数传递值。当存储过程含有多个输入参数时,参数值可以按任意顺序指定。

语法格式为

[EXEC[UTE]] 存储过程名 [@参数名 = 值][,…n]

【例 8-5】 用参数名传递参数值得方法执行存储过程 proc_2,分别查询班级代码为 r1701,s1702 的学生记录。在"查询编辑器"中输入如下代码:

```
USE Students
GO
```

```
EXEC proc_2 @班级代码 ='rj1201'
GO
```

执行结果显示班级代码为 r21701 的学生记录情况,如图 8-8 所示。

结果　消息

	学号	姓名	性别	出生日期	班级代码	联系电话
1	2012180264	朱德豪	男	1999-09-01 00:00:00.000	rj1201	NULL
2	2012180265	袁超龙	男	1999-11-01 00:00:00.000	rj1201	NULL
3	2012180266	肖建	男	2000-01-01 00:00:00.000	rj1201	NULL
4	2012180269	杜守财	男	2000-05-01 00:00:00.000	rj1201	NULL
5	2012180272	曾元	男	2000-09-01 00:00:00.000	rj1201	NULL
6	2012180274	张峻锋	男	2000-06-01 00:00:00.000	rj1201	NULL
7	2012180275	金言昊	男	2000-06-01 00:00:00.000	rj1201	NULL
8	2012180276	陈祥	女	2000-06-01 00:00:00.000	rj1201	NULL
9	2012180280	刘春波	男	2001-01-23 00:00:00.000	rj1201	NULL
10	2012180281	陈沛峥	男	2001-02-21 00:00:00.000	rj1201	NULL

查询已成功执行。

图 8-8　执行存储过程 proc_2 的结果显示

(2) 按位置传递参数

在执行存储过程的语句中,不通过参数名传递参数值而直接给出参数值。其语法格式如下:

[EXEC[UTE]] 存储过程名 [值 1,值 2,值 3…….]

【例 8-6】 按位置传递参数值得方法执行存储过程 proc_2,分别查询班级代码为 rj101,s1702 的学生记录。在"查询编辑器"中输入如下代码:

```
USE Students
GO
EXEC proc_2 '  r1701'
GO
EXEC proc_2 '  s1702'
GO
```

执行结果如图 8-9 所示。

100 %

结果　消息

	学号	姓名	性别	出生日期	班级代码	联系电话	家庭住址	备注
1	20171801	张勤丽	女	1993-03-02 00:00:00.000	r1701	18679390281	重庆忠县白龙...	
2	201718010	何华	男	1993-01-09 00:00:00.000	r1701	18607834782	四川泸州...	
3	20171802	何思溪	男	1992-01-09 00:00:00.000	r1701	18607833782	重庆江津軒石…	NULL
4	20171809	张丽	女	1992-03-02 00:00:00.000	r1701	18679392181	重庆梁平...	

	学号	姓名	性别	出生日期	班级代码	联系电话	家庭住址	备注
1	201718014	王浩	女	1993-06-02 00:00:00.000	s1702	18307838765	重庆合川...	
2	20171806	王兰	女	1993-07-02 00:00:00.000	s1702	18007833886	甘肃青田…	NULL

图 8-9　按位置传递参数执行 proc_2 存储过程

可以看出,按位置传递参数值比按参数名传递参数值更简单,适合参数值较少的情况。而按参数名传递的方式使程序的可读性增强,特变是参数的数量较多时,建议使用按参数名传递参数的方法,这使程序的可读性和维护性更好一些。

3. 执行带输出参数的存储过程

如果需要从存储过程中返回一个或多个值,可以通过在创建存储过程的语句中定义输出参数来实现。语法格式:

@参数名 数据类型[= default] OUTPUT

【例8-7】 执行存储过程 proc_3,统计教师表中学历为"研究生"的教师人数。

单击工具栏中的"执行"命令,统计出学历为研究生的教师人数,运行结果如图 8-10 所示。

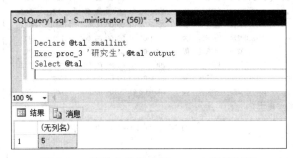

图 8-10 带输出参数执行 proc_3 存储过程

说明: 存储过程需要输出的参数,用 Declare 声明用来接收存储过程的返回值,select 查询语句的返回结果在结果选项卡中显示。

8.3.2 查看存储过程

存储过程创建好后,其名称保存在系统表 sysobjects 中,其源代码保存在 syscomments 中。可以通过系统存储时 sp_help 查看存储过程的基本信息,也可以用 sp_helptext 查看存储过程的定义信息等内容。

1. sp_help 用于查看存储过程的基本信息

格式: sp_help 存储过程名

【例8-8】 查看存储过程 proc_2 的基本信息,在"查询编辑器"中输入如下代码:

SP_HELP proc_2

Go

执行结果如图 8-11 所示。

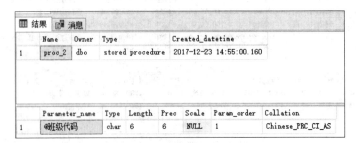

图 8-11 用 SP_HELP 查看存储过程的基本信息

2. SP_HELPTEXT 用于查看存储过程的定义信息

格式:SP_HELPTEXT <存储过程名>

【例 8-9】　查看存储过程 proc_2 的定义信息,在"查询编辑器"中输入如下代码:

SP_HELPTEXT proc_2

Go

执行结果如图 8-12 所示。

	Text
1	CREATE PROC proc_2 @班级代码 char(6)
2	AS
3	BEGIN
4	SELECT 学号,姓名,性别,出生日期,班级代码,联系电话,家庭住址,备注
5	FROM 学生
6	WHERE 班级代码=@班级代码
7	END

图 8-12　用 SP_HELPTEXT 查看存储过程定义信息

8.3.3　修改存储过程

当需要修改存储过程定义时,使用 ALTER PROCEDURE 命令,修改存储过程与创建存储过程一样。其语法格式为

ALTER PROC［EDURE］存储过程名

［@〈参数名〉〈参数类型〉［=〈默认值〉］[output]][,…n]

［WITH{ RECOMPILE | ENCRYPTION }］

AS

　〈SQL 语句组〉

【例 8-10】　使用 T-SQL 语句修改存储过程 proc_3,根据用户提供的学历(专科)来进行查询,并要求加密(加密后,存储过程的定义语句无法用 HP_HELPTEXT 查看)。在"查询编辑器"中输入如下代码:

ALTER PROC proc_3 @学历 char(6)

WITH ENCRYPTION

AS

SELECT * FROM 教师 WHERE 学历 like '%'+@学历

执行成功将显示命令成功执行。

在"查询编辑器"中,输入代码:

Exec proc_3 @学历 = '专科'

执行显示结果图如图 8-13 所示。

8.3.4　重命名存储过程

重命名存储过程有两种方式:

(1) 使用 SSMS(SQL Server Management Studio);

(2) 使用 T-SQL 语句:SP_RENAME ＜原存储过程名＞,＜更改后的存储过程名＞。

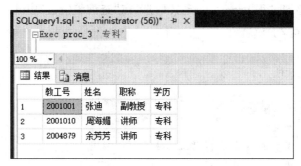

图 8-13 执行修改后的 proc_3 存储过程结果

【例 8-11】 使用 SSMS 将存储过程 proc_1 重命名为 pro_1。

步骤：

（1）在资源管理器中展开数据库 Students—＞"可编程性"—＞选中"存储过程"。

（2）展开"存储过程"—＞单击"proc_1"—＞单击"重命名"，即可完成存储过程名的修改。

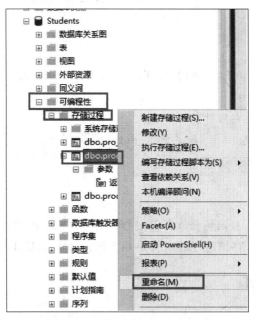

图 8-14 更改 proc_1 存储过程名

【例 8-12】 使用 T-SQL 语句将存储过程 proc_1 重命名为 pro_1。

在"查询编辑器"中输入代码：SP_RENAME proc_1，pro_1，执行结果图如图 8-15 所示。

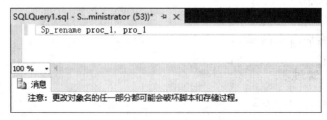

图 8-15 更改 proc_1 存储过程名

8.3.5　删除存储过程

存储过程的删除也有两种方式：

（1）使用 SSMS(SQL Server Management Studio)；

（2）使用 T-SQL 语句：DROP PROC 存储过程名。

【例 8-13】　使用 T-SQL 语句删除存储过程 proc_2。

在"查询编辑器"中输入如下代码：

```
DROP PROC proc_2
```

单击工具栏中"执行"按钮，即可完成存储过程 proc_2 的删除。

拓 展 练 习

拓展练习：创建"学生管理"数据库中的存储过程

（1）创建一个可以根据学生姓名查询学生信息的存储过程，并查询王平的成绩。

（2）创建一个可以根据学生姓名及课程名称查询成绩的存储过程，并查询王平大学英语的成绩。

提示：

（1）参数在存储过程中的使用。

（2）存储过程的调用。

本 章 小 结

本章主要介绍了 SQL Server 存储过程的概念、涉及的知识有存储过程的类型；重点介绍了无参数、带输入参数、带输出参数的存储过程的创建，以及对存储过程的执行、查看、修改、删除存储过程等方面的内容。

本 章 习 题

一、选择题

1. CREATE PROCEDURE 是用来创建(　　　)的语句。

　　A. 程序　　　　　　　B. 过程　　　　　　　C. 触发器　　　　　　　D. 函数

2. 要删除一个名为 PROC 的存储过程，应该使用命令(　　　)PROCEDURE PROC。

　　A. DELETE　　　　　　　　　　　　B. ALTER

　　C. DROP　　　　　　　　　　　　　D. EXECUTE

3. 执行带参数的过程，正确的方法为(　　　)。

　　A. 过程名(参数)　　　　　　　　　B. 过程名 参数

　　C. 过程名=参数　　　　　　　　　　D. A、B、C 都正确

4. SP_help 属于(　　)。

  A. 系统存储过程　　　　　　　　　　B. 扩展存储过程

  C. 用户自定存储过程　　　　　　　　D. 其他存储过程

5. 下列属于扩展存储过程的是(　　)。

  A. sp_procA　　　　B. xp_procB　　　　C. ♯procB　　　　D. ♯♯procB

二、实践题

1. 在"学生管理"数据库中创建一个存储过程,名为 PROC_ST,输入学号,能查询到该学号所对应的姓名、性别、班级、籍贯。

2. 使用 T-SQL 语句在"学生管理"数据库中创建一个名为 proc_cj 的存储过程。该存储过程能根据用户给定的课程号,统计出"课程"表中该课程期末成绩大于 90 分的学生人数,并将结果以输出变量的形式返回给调用者。

3. 将存储过程名 PROC_ST 更改为 ST_cx。

4. 删除存储过程 ST_cx。

第9章 触 发 器

 本章解决问题

就本质而言,触发器是一种特殊类型的存储过程。与存储过程类似,它也是由 SQL 语句组成,可以实现一定的功能。使用触发器,可以强制执行用户的业务规则和数据完整性,本章将解决如何编写触发器和使用触发器完成维护数据库中数据完整性。

本章导航

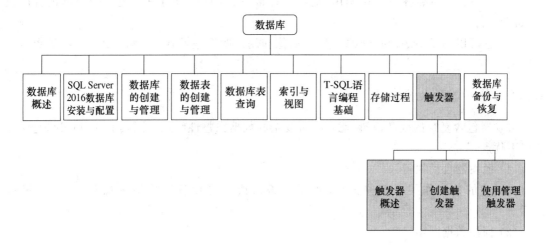

知识目标

➤ 理解触发器的基本概念。
➤ 掌握触发器的种类。
➤ 掌握 DML、DDL 触发器的创建方法。
➤ 掌握管理触发器的运用。

能力目标

➤ 熟练各类触发器的创建方法。
➤ 掌握管理触发器的管理与方法。

9.1 触发器概述

触发器是一种特殊类型的存储过程,当某个指定的事件发生时触发器将被激活,触发器被执行。通过在触发器中指定一定的操作规则,用于对 SQL Server 数据库的约束、默认值和规则的完整性检查,还可以完成难以用普通约束实现的复杂功能的限制。

与存储过程的区别主要区别在于,触发器的使用不能直接被调用,也不能传递或接受参数,只有当 DML 或 DDL 语言中的某个事件产生时,触发器自动执行。

9.1.1 触发器的概念

触发器是一组 T-SQL 语句的集合,是一种特殊类型的存储过程,作为表的一部分被创建,向表中插入、更新或删除记录的时候,只要触发器触发的条件满足,就会自动触发执行。它可以完成存储过程能完成的功能,但它具有自己显著的特点:

(1) 它与表紧密相连,可以看作表定义的一部分。

(2) 它不能通过名称被直接调用,更不允许带参数,而是当用户对表中的数据进行修改时,自动执行。

(3) 它可以用于 SQL Server 约束、默认值和规则的完整性检查,实施更为复杂的数据完整性约束。

9.1.2 触发器的优点

触发器包含复杂的处理逻辑,能够实现复杂的数据完整性约束。同其他约束相比,它主要有以下优点:

(1) 触发器自动执行

在对表的数据作了任何修改(比如手工输入或者应用程序采取的操作)之后立即被激活。

(2) 保持数据同步

触发器能够对数据库中的相关表实现级联更改,触发器是基于一个表创建的,但是可以针对多个表进行操作,实现数据库中相关表的级联更改。例如,在学生数据库中,可以在学生表的学号字段上建立一个插入触发器,当对学生表增加记录时,在可以进行学号长度检查。

(3) 触发器可以实现比 CHECK 约束更为复杂的数据完整性约束

在数据库中为了实现数据完整性约束,可以使用 CHECK 约束或触发器。CHECK 约束不允许引用其他表中的列来完成检查工作,而触发器可以引用其他表中的列。如在 STUDENT 数据库中,向学生表中插入记录时,当输入系部代码时,必须先检查系部表中是否存在该系。这只能通过触发器实现,而不能通过 CHECK 约束完成。

(4) 触发器可以评估数据修改前后的表状态,并根据其差异采取对策。

(5) 一个表中可以存在多个同类触发器(INSERT、UPDATE 或 DELETE),对于同一个修改语句可以有多个不同的对策予以响应。

9.1.3 触发器的种类

SQL Server 包括三种常规类型的触发器:DML 触发器、DDL 触发器和登录触发器。

(1) DML(数据操纵语言 Data Manipulation Language)触发器:是指触发器在数据库中发生 DML 事件时将启用。DML 事件是指在表或视图中对数据进行的 insert、update、delete 操作的语句。

(2) DDL(数据定义语言 Data Definition Language)触发器:是指当服务器或数据库中发生 DDL 事件时将启用。DDL 事件是指在表或索引中的 create、alter、drop 操作语句。

(3) 登录触发器:是指当用户登录 SQL Server 实例建立会话时触发。如果身份验证失败,登录触发器不会触发。

其中 DML 触发器比较常用,根据 DML 触发器触发的方式不同又分为以下两种情况:

① AFTER 触发器(之后触发):其中 AFTER 触发器要求只有执行 insert、update、delete 某一操作之后触发器才会被触发,且只能定义在表上。

② INSTEAD OF 触发器 (之前触发):INSTEAD OF 触发器并不执行其定义的操作 (insert、update、delete)而仅是执行触发器本身。可以在表或视图上定义 INSTEAD OF 触发器。

9.2 创建触发器

9.2.1 创建 DML 触发器

使用 CREATE TRIGGER 命令创建 DML 触发器的语法格式如下:

```
CREATE TRIGGER 触发器名
ON 表名|视图名
AFTER | FOR | INSTEAD OF [INSERT] [,] [DELETE][,][ UPDATE ]
AS
BEGIN
<SQL 语句组>
END
```

参数说明:

- 触发器名:指定义的触发器名称;
- 表名|视图名:指定触发器所在的表名或视图名,两者选一个,视图只能被 INSTEAD OF 触发器引用。
- AFTER | FOR | INSTEAD OF:指定 DML 触发器仅在触发 SQL 语句中指定的所有操作都已成功执行时才触发。对每一个 INSERT、UPDATE 或 DELETE 语句只能定义一个 INSTEAD OF 触发器。
- [INSERT] [,][DELETE][,][UPDATE]:激活触发器的操作,这里可以选取任意组合,中间用逗号隔开。
- SQL 语句组:触发器实现的操作。

1. INSERT 触发器

INSERT 触发器通常是被用来触发器监控的字段中的数据是否满足要求的标准,以确保数据完整性。这种触发器是在向指定的表中插入记录时被自动执行的。

【**例 9-1**】 在"Students"数据库中的"专业"表上创建 AFTER 类型插入触发器 Tri_ins,当用户向"专业"表中添加一条记录时,提示"已成功向专业表中添加了一条记录"。在查询编辑器中,输入如下代码:

```
CREATE TRIGGER Tri_ins
ON 专业
AFTER INSERT
AS
PRINT '已成功向专业表中添加了一条记录'
```

执行结果如图 9-1 所示。

图 9-1　INSERT 触发器的创建

在"查询编辑器"中输入触发器触发的操作的代码,具体代码如下:

```
INSERT INTO 专业 values('107','工程预算','18104')
```

执行结果如图 9-2 所示。

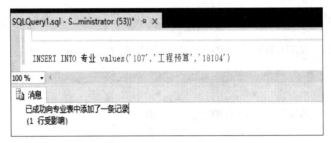

图 9-2　AFTER INSERT 触发器的触发

【**例 9-2**】 在"Students"数据库中的"专业"表上创建 INSTEAD OF 插入触发器 Tri_ins1,当用户向"专业"表中添加一条记录时,提示"您未被授权执行插入操作",同时阻止用户向"专业"表中添加记录。在查询编辑器中,输入如下代码:

```
USE Students
GO
CREATE TRIGGER Tri_ins1
ON 专业
INSTEAD OF INSERT
AS
PRINT '您未被授权执行插入操作'
```

运行结果如图 9-3 所示。

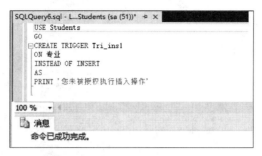

图 9-3 INSTEAD OF INSERT 触发的创建

在"查询编辑器"中输入触发器触发的操作的代码,具体代码如下:

INSERT INTO 专业 values('303','工商管理','18109')

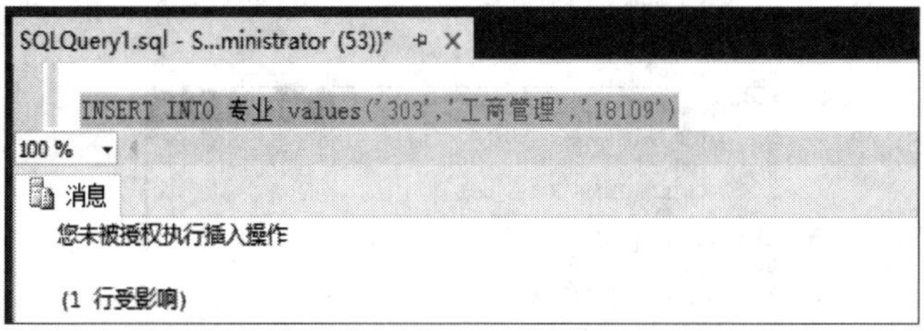

图 9-4 INSERT 触发的触发

通过执行查询语句:select * from 专业,运行结果如图 9-5 所示。

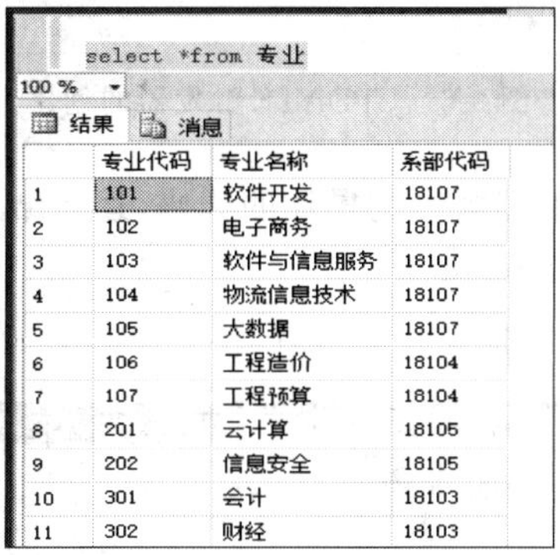

图 9-5 专业表的记录

从图 9-5 中可以看出,触发器完成了:INSERT INTO 专业 values('107','工程预算','18104')插入语句的触发操作,却没有完成 INSERT INTO 专业 values('303','工商管理','1889')插入语句的触发操作。

2. UPDATE 触发器

在定义有 UPDATE 触发器的表上执行 UPDATE 语句时,将触发 UPDATE 触发器,用户可以通过使用该触发器来提示或者限制用户进行更新操作。用户也可以在 UPDATE 触发器中通过定义 IF UPDATE 语句来实现当用户对表中特定的列更新操作被阻止,从而保护特定列的信息。

【例 9-3】 在"Students"数据中的"教师"表中创建一个触发器名为 Tri_upd,禁止更新"教工号"。在查询编辑器,输入如下代码,执行结果如图 9-6 所示。

```
USE Students
GO
CREATE TRIGGER Tri_upd
ON 教师
AFTER UPDATE
AS
IF UPDATE(教工号)
BEGIN
PRINT'禁止更新"教工号"'
ROLLBACK
END
GO
```

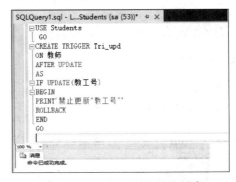

图 9-6　UPDATE 触发器的创建

在"查询编辑器"中输入触发器触发的操作的代码,运行结果如图 9-7 所示。

```
UPDATE 教师 SET 教工号 = '2003462'
WHERE 姓名 = '张迪'
```

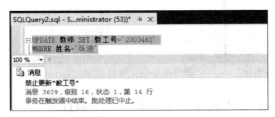

图 9-7　UPDATE 的触发

3. DELETE 触发器

在定义 DELETE 触发器的表上执行 DELETE 语句时,将触发 DELETE 触发器。

【例 9-4】　在"学生管理"数据库中的"学生"表上创建一个名为 Tri_del 的触发器,该触发器将对"学生"表中删除记录的操作给出不允许执行删除操作的信息提示。

(1)在工具栏中单击"新建查询"按钮,打开查询编辑器,输入如下代码,单击工具栏中的"执行"按钮完成触发器的创建,运行结果如图 9-8 所示。

```
USE Students
```

```
GO
CREATE TRIGGER Tri_DEL
ON 学生
INSTEAD OF DELETE
AS
BEGIN
PRINT '对不起,你不能执行删除操作'
END
GO
```

图 9-8　DELETE 触发器的创建

（2）再在"查询编辑器"中输入触发器触发的操作的代码,具体代码如下,单击工具栏中的"执行"按钮,完成了触发器的触发操作,运行结果如图 9-9 所示。

```
USE Students
GO
DELETE FROM 学生
WHERE 姓名 = '何华'
```

图 9-9　DELETE 触发器的触发

9.2.2　创建 DDL 触发器

使用 CREATE TRIGGER 命令创建 DDL 触发器的语法格式如下：

```
CREATE TRIGGER 触发器名
ON {ALL SERVER | DATABASE }
{FOR | AFTER }{事件类型 | 事件组 }[ ,...n ]
AS
BEGIN〈SQL 语句组〉END
```

参数说明：

• 触发器名：定义的触发器名称,前缀为 tri。

- ALLSERVER｜DATABASE：指定触发器的作用域，ALLSERVER 指触发器应用于整个服务器；DATABASE 指触发器作用于当前数据库，两者选一个。
- AFTER｜FOR：指定触发器的操作，即 DDL 触发器触发的事件。
- SQL 语句组：触发器实现的操作。只有一条语句时，BEGIN 、AND 可以省略。

【例 9-5】 在"学生管理"数据库中创建触发器 Tri_dl，不允许对数据库中的表作修改编辑。在查询编辑器中输入如下代码，执行结果如图 9-10 所示。

```
USE Students
Go
CREATE TRIGGER Tri_dl
ON DATABASE
FOR ALTER_TABLE
AS
BEGIN
PRINT'不能修改表'
Rollback
END
```

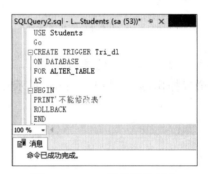

图 9-10　DDL 触发器的创建

在"查询编辑器"中输入触发器触发的操作的代码，执行结果如图 9-11 所示。

```
ALTER TABLE 学生 ADD 健康状况 varchar(15)
```

图 9-11　DDL 触发器的触发

9.3　使用与管理触发器

9.3.1　查看触发器

1. 使用系统存储过程查看触发器信息

使用系统存储过程 SP_HELP 和 SP_HELPTEXT 分别提供有关触发器的不同信息。

（1）通过 SP_HELP 系统存储过程，可以了解触发器的一般信息（名字、属性、类型、创建时间）。

（2）通过 SP_HELPTEXT 能够查看触发器的定义信息。

【例 9-6】 分别用 SP_HEL 和 SP_HELPTEXT 查看触发器 Tri_upd 的信息。

在查询编辑器中，输入如下代码，执行结果如图 9-12 所示。

```
Sp_help Tri_upd
```

图 9-12 用 sp_help 查看触发器的信息

在"查询编辑器"中输入如下代码，执行结果如图 9-13 所示。

```
Sp_helptext Tri_upd
```

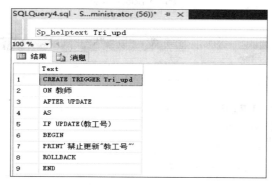

图 9-13 用 sp_helptext 查看触发器的信息

2. 在"对象资源管理器"查看触发器

在 SQL Server Management Studio 的"对象资源管理器"中，展开数据库"Students"|"表"|"教师"表选项，最后展开触发器，选中 Tri_upd 触发器右击，在弹出的快捷菜单中选择"修改"选项，即可查看 Tri_upd 触发器的定义信息。

9.3.2 修改触发器

【例 9-7】 修改"Students"数据库中"专业"表上建立的触发器 Tri_ins，使用户在执行删除、添加、修改操作时，系统自动给出错误提示，并撤销用户的操作。

下面采用两种方式修改触发器：

1. 使用 SQL Server Management Studio 查看分析器窗口修改触发器；步骤如下：

（1）在对象资源管理器窗口中依次展开数据库"Students"|表|"专业"表。

（2）选中"触发器"展开它，将鼠标定位到 Tri_ins，右键单击 Tri_ins，在弹出的快捷菜单中单击"修改"，如图 9-14 所示。

（3）在查询分析器窗口中完成相应的修改操作，如图 9-15 所示。

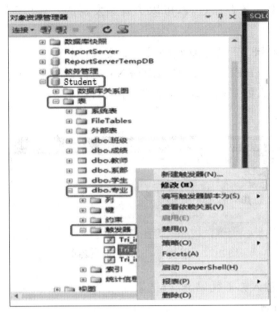

图 9-14　修改触发器

```
SQLQuery7.sql - S...ministrator (55))*  ⊕ ×

   ...
   /****** Object:  Trigger [dbo].[Tri_ins]    Script Date: 2017/12/20 星期三 9:03:04 ******/
   SET ANSI_NULLS ON
   GO
   SET QUOTED_IDENTIFIER ON
   GO
 ALTER TRIGGER [dbo].[Tri_ins]
   ON [dbo].[专业]
   AFTER INSERT, DELETE, UPDATE
   AS
   PRINT '已成功向专业表中添加了一条记录'
```

图 9-15　查询分析器窗口修改触发器 Tri_ins

2. 使用 T-SQL 语句修改触发器

修改触发器使用 ALTER TRIGGER 语句。ALTER TRIGGER 语句与 CREATE TRIGGER 语句的语法相似,只是语句的第一个关键字不同,格式如下:

ALTER TRIGGER 触发器名

ON 表│视图

AFTER │ FOR │ INSTEAD OF ［ INSERT ］［ , ］［DELETE］［,］［ UPDATE ］

   AS

   BEGIN

   SQL 语句

   END

【例 9-8】　修改触发器 Tri_ins,增加 UPDATE 操作的触发。代码如下:

执行结果如图 9-16 所示。

USE Students

GO

```
ALTER TRIGGER Tri_ins
ON 专业
  FOR INSERT,DELETE,UPDATE
  AS
  BEGIN
  PRINT '对不起,你不能执行此操作'
  END
      '
```

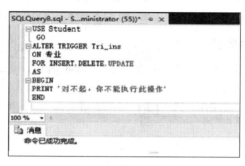

图 9-16　修改触发器

9.3.3　重命名触发器

使用系统存储过程修改触发器名称对触发器进行重命名,可以使用系统存储过程 SP_RENAME 来完成,其语法格式如下:

SP_RENAME<触发器原名>,<触发器新名>

【例 9-9】　将"学生"表中的"Tri_Del"触发器重命名为"Tri_dl"。

SQL 语句如下:

USE Students

GO

SP_RENAME Tri_Del,Tri_dl

9.3.4　禁用和启用触发器

针对某个表创建的触发器,可以根据需要,禁止或启用其执行。禁止触发器或启用触发器执行只能在查询分析器中进行。

1. 禁用触发器

DISABLE TRIGGER 触发器名称 ON 表名

2. 启用触发器

ENABLE TRIGGER 触发器名称 ON 表名

如果有多个触发器,则每个触发器名称之间用英文逗号隔开。

如果把"触发器名称"换成"ALL",则表示禁用或启用该表的全部触发器。

【例 9-10】　禁用"学生"表的触发器 TrI_DEL。在编辑器中,输入代码:

DISABLE　TRIGGER　TrI_DEL ON 学生

【例 9-11】 启用"学生"表的触发器 TrI_DEL。在编辑器中,输入代码:

ENABLE TRIGGER TrI_DEL ON 学生

9.3.5 删除触发器

当不再需要某个触发器时,可以将其删除。只有触发器的所有者才有权删除触发器。可以使用下面的方法将触发器删除:

1. 使用 SQL Server Management Studio 删除触发器

打开 SQL Server Management Studio,在"对象资源管理器"窗口中,找到相应触发器,右击触发器,在弹出的菜单中,单击"删除"按钮,即可直接删除触发器。

2. 使用 SQL 语句删除触发器

删除一个或多个触发器,可以使用 DROP TRIGGER 语句,语法如下:

DROP TRIGGER { 触发器名称 } [,...n]

【例 9-12】 删除"学生"表中的 TrI_DEL。在编辑器中,输入代码并执行:

USE 学生管理

GO

DROP TRIGGER TrI_DEL

GO

3. 删除表同时删除触发器

当某个表被删除后,该表上的所有触发器将同时被删除,但是删除触发器不会对表中数据有影响。

拓 展 练 习

实训练习:创建"Students"数据库中的触发器

(1) 为学生表创建一系列的 CREATE、PDATE 和 DELETE 触发器。

(2) 创建一个触发器,此触发器保证拥有某种课程类型不能被删除,并输出提示信息。

提示:

常用触发器的实施。

本 章 小 结

本章主要讲解触发器的概念、优点及种类;重点介绍了触发器的 DML、DDL 的创建;在 DML 触发器中,介绍了 INSERT、UPDATE、DELETE 触发器的创建;还介绍了管理与使用触发器的操作流程:包括查看、修改、禁止和启用触发器等内容。

本 章 习 题

一、选择题

1. 以下关于触发器说法正确的是(　　)。

　　A. 触发器可以接收和传递参数

　　B. 使用触发器可以保证数据的完整性和一致性

　　C. 可以通过使用触发器名称来执行触发器

　　D. 在创建表时可以自动激活触发器

2. 触发器是一个(　　)对象。

　　A. 字段　　　　　　　B. 记录　　　　　　C. 表　　　　　　　D. 数据库

3. 关于触发器的描述不正确的是(　　)。

　　A. 一个表可以创建多种触发器

　　B. 触发器可以保证数据完整性

　　C. 触发器是一种特殊的存储过程

　　D. 触发器不能更改

4. 以下(　　)用来创建一个触发器。

　　A. DROP PROCEDURE　　　　　　　B. CREATE TRIGGER

　　C. CREATE TRIGGER　　　　　　　D. DROP TRIGGER

5. 触发器创建在(　　)中。

　　A. 表　　　　　　　B. 视图　　　　　　C. 数据库　　　　　D. 查询

6. 以下触发器是当对[表1]进行(　　)操作时触发。

Create Trigger　arc

on　表1

For　insert，update，delete

As　sql 语句组

　　A. 只是修改　　　　　　　　　　　B. 只是插入

　　C. 只是删除　　　　　　　　　　　D. 修改、插入、删除

二、填空题

1. 触发器包括_____和_____两种。

2. 在修改记录之后激活的触发器是_____触发器。

3. 既能作用与表，也能作用于视图的是_____触发器。

4. 用来临时存放触发器里涉及的被删除的数据的表是_____。

5. 触发器是特殊的_____。

三、实践练习

1. 在"Students"数据库中创建 DDL 类型触发器为 Tri_No，不允许对数据表作删除操作。修改触发器 NO_PT，不允许对数据库中的表作添加记录操作。

2. 在"Students"数据库的"成绩"表中创建触发器 Tri_sc，禁止修改、删除期末成绩。

第 10 章 数据库备份与恢复

本章将重点解决数据库安全中很重要的内容,就是如何保障数据库在发生意想不到的故障时,将数据内容恢复到故障前的状态,解决的方法就是利用数据库提供的备份工具和选项,做好备份策略并完成备份工作

 本章导航

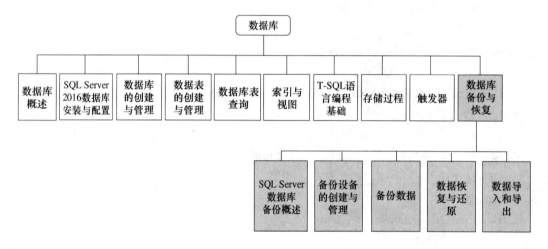

 知识目标

➢ 数据库备份的概念和种类。

➢ 各种数据库备份的区别与选择。

➢ 数据库恢复模型。

➢ 数据库导入和导出的知识。

 能力目标

➢ 掌握各种数据库备份中恢复数据库的方法。

➢ 掌握索引与视图中的选项选择方法。

➢ 掌握数据库导入和导出的操作过程。

10.1　SQL Server 数据库备份概述

为了最大限度地降低灾难性数据丢失的风险,需要通过定期备份数据库以保留对数据所做的修改。SQL Server 备份和还原组件为存储在 SQL Server 数据库中的关键数据提供了基本安全保障。规划良好的备份和还原方案有助于防止数据库因各种故障而造成数据丢失。通过还原备份恢复数据库,可以有效地应对灾难。

10.1.1　备份

备份是指制作数据库的副本,将数据库中的部分或全部内容复制到其他的存储介质(如磁盘)上保存起来的过程,以便在数据库遭到破坏时能够修复数据库。

SQL Server 数据备份的类型如下所述。

1. 完整数据库备份

完整数据库备份就是备份整个数据库。通过备份数据库文件、这些文件的地址以及事务日志的某些部分(从备份开始时所记录的日志顺序号到备份结束时的日志顺序号)。这是任何备份策略中都要求完成的第一种备份类型,因为其他所有备份类型都依赖于完整备份。换句话说,如果没有执行完整备份,就无法执行差异备份和事务日志备份。

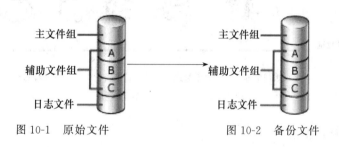

图 10-1　原始文件　　　　　　　　　图 10-2　备份文件

虽然从单独一个完全数据库备份就可以恢复数据库,但是完全数据库与差异备份和日志备份相比,在备份的过程中需要花费更多的空间和时间,所以完全数据库备份不需要频繁的进行,如果只使用完全数据库备份,那么进行数据恢复时只能恢复到最后一次完全数据库备份时的状态,该状态之后的所有改变都将丢失。

2. 差异数据库备份

差异备份是指对最近一次完全数据库备份以后发生改变的数据进行备份。如果在完整备份后将某个文件添加至数据库,则下一个差异备份会包括该新文件。这样可以方便地备份数据库,而无须了解各个文件,如图 10-3 所示。

例如,如果在 t_0 时间执行了完整备份,并在 t_1 时间执行了差异备份,那么该差异备份将记录自 t_0 到 t_1 时间段以来已发生的所有修改。而 t_2 的另一个差异备份将记录自 t_0 的完整备份以来已发生的所有修改。差异备份比完整备份快。

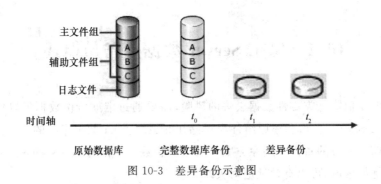

图 10-3　差异备份示意图

3. 事务日志备份

事务日志备份只备份最后一次日志备份后的所有事务日志记录,也就是备份自从上一个事务以来已经发生变化的部分。事务日志备份依赖于完整备份,但它并不备份数据库本身。事务日志备份比完整数据库节省时间和空间,而且利用事务日志进行恢复时,可以指定恢复到某一个事务,如图 10-4 所示,在 t_0 时候进行了日志备份,在 t_1、t_2 时候就可以进行事务日志备份。

比如,可以每周进行一次完整备份,每天进行一次差异备份,每小时进行一次日志备份。这样,最多只会丢失一个小时的数据。

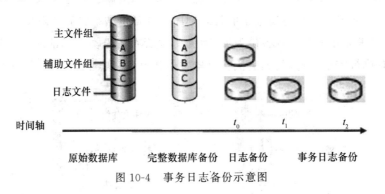

图 10-4　事务日志备份示意图

4. 文件和文件组备份

当一个数据库很大时,对整个数据库进行备份可能会花很多的时间,这时可以采用文件和文件组备份,即对数据库中的部分文件或文件组进行备份。

文件组是一种将数据库存放在多个文件上的方法,并允许控制数据库对象(比如表或视图)存储到这些文件当中的哪些文件上。这样,数据库就不会受到只存储在单个硬盘上的限制,而是可以分散到许多硬盘上,因而可以变得非常大。利用文件组备份,每次可以备份这些文件当中的一个或多个文件,而不是同时备份整个数据库。

10.1.2　恢复还原

还原指将数据库备份加载到服务器中,使数据库回复到备份时的正常状态。这一状态是由备份决定的,但是为了维护数据库的一致性,在备份中未完成的事物不能进行还原。

SQL Server 2016 包括三种恢复模型,其中每种恢复模型都能够在数据库发生故障的时候恢复相关的数据。每个数据库必须选择三种恢复模型中的一种以确定备份数据库的备份方式。

1. 简单恢复模型

对于小型数据库或不经常更新数据的数据库,一般使用简单恢复模型。使用简单恢复模型可以将数据库恢复到上一次的备份。简单还原模型的优点在于日志的存储空间较小,能够提高磁盘的可用空间,而且也是最容易实现的模型。但是,使用简单恢复模型无法将数据库还原到故障点或特定的即时点。如果要还原到这些即时点,则必须使用完全恢复模型或大容量日志记录恢复模型。

2. 完全恢复模型

当从被损坏的媒体中完全恢复数据有着最高优先级时,可以使用完全恢复模型。该模型使用数据库的复制和所有日志信息来还原数据库。SQL Server 可以记录数据库的所有更改,包括大容量操作和创建索引。如果日志文件本身没有损坏,则除了发生故障时正在进行的事务,SQL Server 可以还原所有的数据。

在完全恢复模型中,所有的事务都被记录下来,所以可以将数据库还原到任意时间点。SQL Server 2016 支持将命名标记插到事务日志中的功能,可以将数据库还原到这个特定的标记。记录事务标记要占用日志空间,所以应该只对那些在数据库恢复策略中扮演重要角色的事务使用事务标记。该模型的主要问题是日志文件较大以及由此产生的较大的从存储量和性能开销。

3. 大容量日志记录恢复模型

与完全恢复模型相似,大容量日志记录恢复模型使用数据库和日志备份来恢复数据库。该模型对某些大规模或者大容量数据操作(比如 INSERT INTO、CREATE INDEX、大批量装载数据、处理大批量数据)时提供最佳性能和最少的日志使用空间。在这种模型下,日志只记录多个操作的最终结果,而并非存储操作的过程细节,所以日志尺寸更小,大批量操作的速度也更快。如果事务日志没有受到破坏,除了故障期间发生的事务以外,SQL Server 能够还原全部数据,但是,由于使用最小日志的方式记录事务,所以不能恢复数据库到特定即时点。

10.2　备份设备的创建与管理

备份设备是用来存储数据库、事务日志或者文件和文件组备份的存储介质,在执行备份数据之前,需要创建备份设备。

10.2.1　创建备份设备

在 SQL Server 2016 中创建设备的方法有两种:一是在 SQL Server Management Studio 中使用现有命令和功能,通过图形化工具创建;二是通过使用系统存储过程 sp_addumpdevice 创建。

1. 使用 SQL Server Management Studio 管理器创建备份设备

使用 Microsoft SQL Server Management Studio 管理器创建备份设备的操作步骤如下:
(1) 在"对象资源管理器"中,单击服务器名称以展开服务器树。
(2) 展开"服务器对象"结点,右键单击"备份设备"选项。

（3）从弹出的菜单中选择"新建备份设备"命令，打开"备份设备"窗口，如图 10-5 所示。

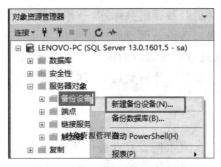

图 10-5　备份设备创建过程

（4）在"备份设备"窗口，输入设备名称并且指定被备份文件的完整路径，如图 10-6 所示。

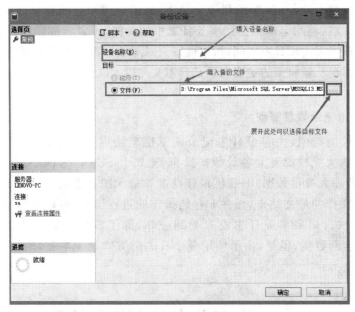

图 10-6　备份设备窗口

（5）单击"确定"按钮，完成备份设备的创建。

2. 使用系统存储过程 SP_ADDUMPDEVICE 创建备份设备

使用系统存储过程 SP_ADDUMPDEVICE 来添加磁盘和磁带设备。

SP_ADDUMPDEVICE 的基本语法如下：

SP_ADDUMPDEVICE〔@devtype = 〕'device_type',

〔@logicalname = 〕'logical_name',

〔@physicalname = 〕

'hysical_name'〔,〔@cntrltype = 〕controller_type |〔@devstatus = 〕

'device_status'〕〕

上述语法中的各参数的含义如下：

〔@devtype ＝ 〕'device_type'：该参数指备份设备的类型。类型可以是 disk、tape 和 pipe。其中，disk 用于指硬盘文件作为备份设备；tape 用于指 Microsoft Windows 支持的任何磁带设备。pipe 是指使用命名管道备份设备。

〔@logicalname ＝〕'logical_name'：该参数指在 BACKUP 和 RESTORE 语句中使用的备份设备的逻辑名称。logical_name 的数据类型为 sysname，无默认值，且不能为 NULL。

〔@physicalname ＝〕'physical_name'：该参数指备份设备的物理名称。物理名称必须遵从操作系统文件名规则或者网络设备的通用命名约定，并且必须包含完整路径。无默认值，且不能为 NULL。

〔@cntrltype ＝〕'controller_type'：如果 cntrltype 的值是 2，则表示是磁盘；如果 cntrl-type 值是 5，则表示是磁带。

〔@devstatus ＝〕'device_status'：devicestatus 如果是 noskip，表示读 ANSI 磁带头，如果是 skip，表示跳过 ANSI 磁带头。

【例 10-1】 创建一个名称为 Test 的备份设备，代码如下：

```
EXEC SP_ADDUMPDEVICE 'disk','Test','D:\test.bak'
```

10.2.2　管理备份设备

在 Microsoft SQL Server 2016 系统中，创建了备份设备以后就可以通过系统存储过程、Transact-SQL 语句或者图形化界面查看或删除备份设备的信息。

1. 查看备份设备

可以通过两种方式查看服务器上的所有备份设备，一种是通过使用 SQL Server Management Studio 图形化工具；另一种是通过系统存储过程 SP_HELPDEVICE。

1）使用 SQL Server Management Studio 工具

使用 SQL Server Management Studio 图形化工具查看所有备份设备，操作步骤如下：

（1）在"对象资源管理器"中，单击服务器名称以展开服务器树。

（2）展开"服务器对象"——"备份设备"结点，就可以看到当前服务器上已经创建的所有备份设备，如图 10-7 所示。

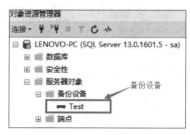

图 10-7　查看备份设备

2）使用系统存储过程 SP_HELPDEVICE

使用系统存储过程 SP_HELPDEVICE 也可以查看服务器上每个设备的相关信息。如在新建查询窗口输入 EXEC SP_HELPDEVICE 命令，执行结果如图 10-8 所示：

	device_name	physical_name	description	status	cntrltype	size
1	Test	D:\test.bak	disk, backup device	16	2	0

图 10-8　执行 EXEC SP_HELPDEVICE 命令结果

2. 删除备份设备

如果不再需要的备份设备,可以将其删除,删除备份设备也有两种方式,一种是使用 SQL Server Management Studio 图形化工具;另一种是使用系统存储过程 SP_DROPDEVICE。

注意:删除备份设备后,其上的数据都将丢失。

1) 使用 SQL Server Management Studio 工具

使用 SQL Server Management Studio 图形化工具删除备份设备操作步骤如下:

(1) 在"对象资源管理器"中,单击服务器名称依次展开服务器结点下的"服务器对象"——"备份设备"结点,右击单击要删除的备份设备名称,在弹出的命令菜单中选择"删除"命令,打开"删除对象"窗口,如图 10-9 所示。

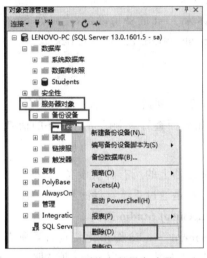

图 10-9　删除备份设备步骤

(2) 在"删除对象"窗口单击"确定"按钮,即完成对该备份设备的删除操作,如图 10-10 所示。

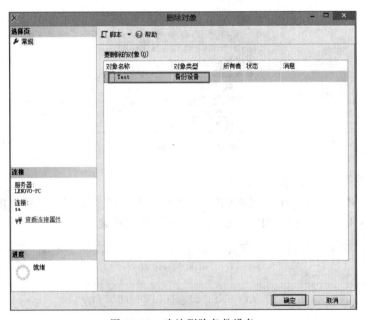

图 10-10　确认删除备份设备

2）使用系统存储过程 SP_DROPDEVICE 删除备份设备

使用 SP_DROPDEVICE 系统存储过程将服务器中备份设备删除语法如下：

SP_DROPDEVICE '备份设备名' [,'DELETE']

上述语句中，如果指定了 DELETE 参数，则在删除备份设备的同时删除其使用的操作文件。

【例 10-2】 删除名称为 Test 的备份设备，可以使用如下代码：

EXEC SP_DROPDEVICE 'Test'

10.3 备份数据

10.3.1 创建完整备份

完整备份是任何备份策略中都要求完成的第一种备份类型，可以使用 SQL Server Management Studio 图形化工具和 BACKUP 语句进行完整数据库备份。

1. 使用 SQL Server Management Studio 工具创建完整备份操作步骤如下：

建立完整备份首先需要确保数据库恢复模式为完整恢复模式。

（1）在对象资源管理器中，展开"数据库"结点，右键单击需要备份的数据库，在弹出的命令菜单中选择"属性"，打开"数据库属性"窗口。

（2）在"选项"页面，确保恢复模式为完整恢复模式，如图 10-11 所示。

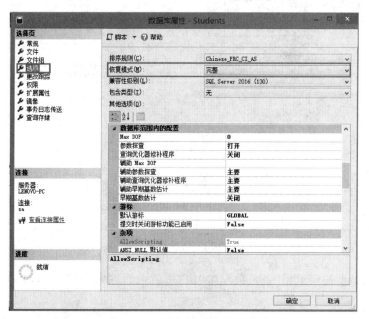

图 10-11　数据库的选项页面

（3）右键单击需要备份的数据库，从弹出的菜单中选择"任务"——"备份"命令，弹出"备份数据库"窗口，如图 10-12 所示。

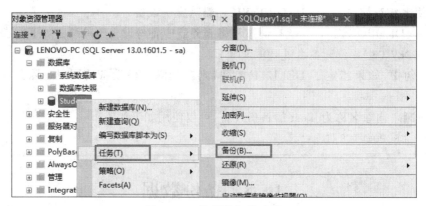

图 10-12　数据库备份过程

（4）在"备份数据库"窗口中，从"数据库"下拉菜单中选择需要备份的数据库；"备份类型"项选择"完整"，"备份组件"选择是备份数据库还是文件和文件组。设置备份到磁盘的目标位置，通过"删除"按钮，可以删除已存在默认生成的目标，可以选择"添加"按钮，打开"选择备份目标"对话框，启用"备份设备"选项，选择备份设备，如图 10-13 所示。

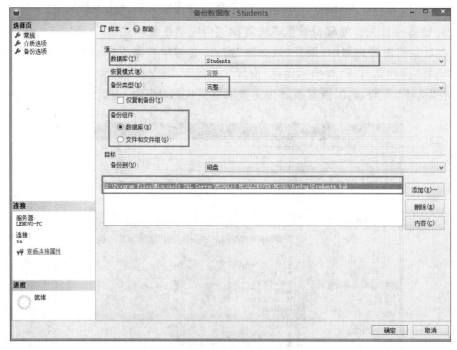

图 10-13　备份设备选项

（5）单击"确定"按钮返回"备份数据库"窗口，就可看到"目标"下面的文本框将增加一个新的备份设备。

（6）打开"介质选项"页面，启用"覆盖所有现有备份集"选项，该选项用于初始化新的设备或覆盖现在的设备；选中"完成后验证备份"复选框，该选项用来核对实际数据库与备份副本，并确保它们在备份完成之后一致。具体设置情况如图 10-14 所示。

（7）单击"确定"按钮，完成对数据库的备份设置。

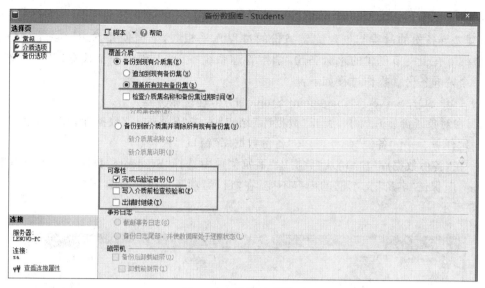

图 10-14　介质选项页面

2. 使用 BACKUP 命令来对数据库进行完整备份的语法如下：

BACKUP DATABASE 数据库名 TO ＜ 备份设备 ＞［ n ］

［WITH［ ，］NAME ＝ 备份文件名］［［，］DESCRIPTION ＝'TEXT'］

［［，］{ INIT | NOINIT } ］［［，］{ COMPRESSION | NO_COMPRESSION } ］

参数选项的说明：

数据库名：指定要备份的数据库。

备份设备：为备份的目标设备，采用"备份设备类型＝设备名"的形式。

WITH 子句：指定备份选项。

NAME＝备份名称名：指定了备份的名称。

DESCRIPITION ＝'描述'：给出了备份的描述。

INIT|NOINIT：INIT 表示新备份的数据覆盖当前备份设备上的每一项内容，即原来在此设备上的数据信息都将不存在，NOINIT 表示新备份的数据添加到备份设备上已有的内容的后面。

COMPRESSION|NO_COMPRESSION ：COMPRESSION 表示启用备份压缩功能，NO_COMPRESSION 表示不启用备份压缩功能。

【例 10-3】 对数据库"Students"做一次完整备份，备份设备为上面创建好的"Test"本地磁盘设备，并且覆盖以前所有的备份。使用 BACKUP 命令创建备份：

BACKUP DATABASE Students TO DISK ＝'Test' WITH INIT, NAME ＝

'Students', DESCRIPTION ＝'学生管理系统完整备份'

10.3.2 创建差异备份

当数据量十分庞大时，执行一次完成备份需要耗费非常多时间和空间，因此完整备份不能频繁进行，创建了数据库的完整备份以后，如果数据库从上次备份以来只修改了很少的数据时，比较适合使用差异备份。下面将介绍创建差异数据库备份的方法。

1. 使用 SQL Server Management Studio 工具

创建差异备份的过程与创建完整备份的过程几乎相同,下面使用 SQL Server Management Studio 在上一节创建的永久备份"学生管理系统备份"上创建一个数据库"学生管理系统"的一个差异备份。操作过程如下:

(1) 打开 SQL Server Management Studio 工具,连接服务器。

(2) 在对象资源管理器中,展开"数据库"结点,右击"Students"数据库,在弹出的命令菜单中选择"任务"——"备份"命令,打开"备份数据库"窗口。

(3) 在"备份数据库"窗口,从"数据库"下拉菜单中选择"Students"数据库;"备份类型"项选择"差异";保留"名称"文本框的内容不变;在"目标"项下面要确保列了"Students"设备,如图 10-15 所示。

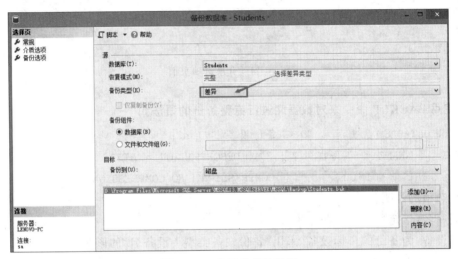

图 10-15　差异备份数据库

(4) 打开"介质选项"页面,启用"追加到现有备份集"选项,以免覆盖现有的完整备份;选中"完成后验证备份"复选框,该选项用来核对实际数据库与备份副本,并确保他们在备份完成之后一致。具体设置情况如图 10-16 所示。

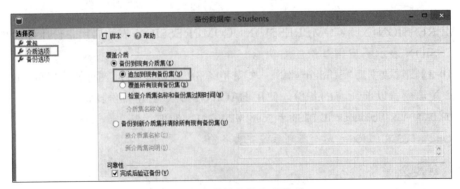

图 10-16　差异备份介质选项

(5) 完成设置后,单击"确定"开始备份,完成备份将弹出备份完成窗口。

2. 使用 BACKUP 语句创建差异备份

创建差异备份也可以使用 BACKUP 语句,进行差异备份的语法与完整备份的语法相似,进行差异备份的语法如下所示:

```
BACKUP DATABASE 数据库名 TO ＜备份设备＞［ n ］
WITH DIFFERENTIAL［［,］
NAME = 备份集名称 ］
[[,]DESCRIPTION = TEXT][[,]{INIT|NOINIT}][[,]{COMPRESSION|NO_COMPRESSION}]
```

其中 WITH DIFFERENTIAL 子句指明了本次备份是差异备份。其他参数与完全备份参数安全一样,在此不再重复。

【例 10-4】　对数据库"Students"做一次差异备份。代码如下:

```
BACKUP DATABASE Students TO DISK ='test'
WITH DIFFERENTIAL, NOINIT, NAME ='学生管理系统差异备份'
DESCRIPTION ='学生管理系统差异备份'
```

10.3.3　创建事务日志备份

如果已经执行了完整备份和差异备份,但是如果没有执行事务日志备份,则数据库可能无法正常工作。尽管事务日志备份依赖完整备份,但它并不备份数据库本身。这种类型的备份只记录事务日志的适当部分,明确地说,就是备份自从上一个事务以来已经发生了变化的部分。

使用事务日志备份,可以将数据库恢复到故障点或特定的时间点。一般情况下,事务日志备份比完整备份和差异备份使用的资源少。因此,可以更频繁地创建事务日志备份,减少数据丢失的风险。

1. 使用 SQL Server Management Studio 工具创建备份

创建事务日志备份的过程与创建完整备份的过程也基本相同,只需要在"备份类型"项选择"事务日志"。

2. 使用 BACKUP 语句创建事务日志备份

使用 BACKUP 语句创建事务日志备份,语法格式如下:

```
BACKUP LOG 数据库名 TO ＜ 备份设备＞［ n ］
WITH ［［,］NAME = 备份名称 ］
［［,］DESCRIPITION ='描述'］［［,］{ INIT | NOINIT } ］［［,］
{ COMPRESSION | NO_COMPRESSION } ]
```

其中 LOG 指定仅备份事务日志。该日志是从上一次成功执行的日志备份到当前日志的末尾。必须创建完整备份,才能创建第一个日志备份。其他的各参数与完整备份语法中各参数完全相似,这里不再重复。

【例 10-5】　对数据库"Students"做事务日志备份,要求追加到现有的备份设备"学生管理系统备份"上。完成上述备份,可以使用如下代码:

```
BACKUP LOG Students TO DISK ='test'
WITH NOINIT, NAME ='学生管理系统事务日志备份'
DESCRIPTION ='学生管理系统事务日志'
```

10.3.4 创建文件组备份

现在,有越来越多的公司拥有了 TB 级的数据库,这些数据库称为超大型数据库。对于超大型数据库,如果每次都执行完整数据备份不切实际,应当执行数据库文件或文件组备份。

文件组是一种将数据库存放在多个文件上的方法,并允许控制数据库对象(比如表或视图)存储到文件组当中的哪些文件上。利用文件组备份,每次可以备份这些文件当中的一个或多个文件,而不是同时备份整个数据库。

在执行文件组备份之前,首先为数据库"Students"添加一个新文件组,操作步骤如下:

(1)在对象资源管理器中,展开"数据库"结点,右击"Students"数据库,在弹出的命令菜单中选择"属性"命令,打开数据库属性窗口。

(2)打开"文件组"选项页面,然后单击"添加"按钮,在"名称"文本框中输入文件组名称"备份",如图 10-17 所示。

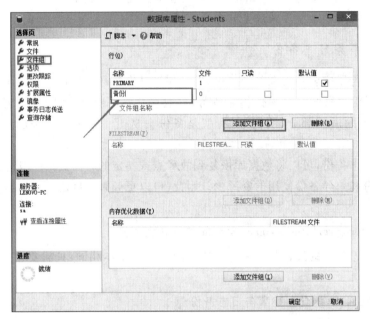

图 10-17 创建文件组页面

(3)打开"文件"选项页面,单击"添加"按钮,为"Students"数据库创建一个新的数据文件 beifen,并且设置该数据文件所属的文件组为备份,具体如图 10-18 所示。

(4)单击"确定"按钮完成对数据库的更改。在 SQL Server 2016 中,执行文件组备份的方式有两种,可以使用 SQL Server Management Studio 工具和使用 BACKUP 语句创建文件组备份。

1)使用 SQL Server Management Studio 工具

使用 SQL Server Management Studio 工具执行文件组备份的具体步骤如下:

① 在对象资源管理器中,展开"数据库"结点,右击"Studetns"数据库,在弹出的菜单中选择"任务"——"备份"命令,打开"备份数据库"窗口,如图 10-19 所示。

② 在"备份数据库"窗口下选择备份类型为"完整",在备份组件下选择"文件和文件组"并打开"选择文件和文件组"对话框,如图 10-20 所示。

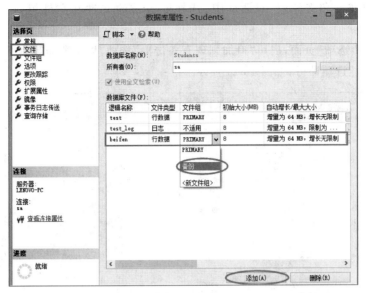

图 10-18　文件选项页面

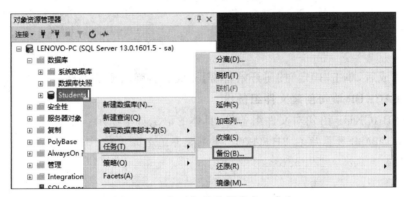

图 10-19　打开备份数据库窗口命令

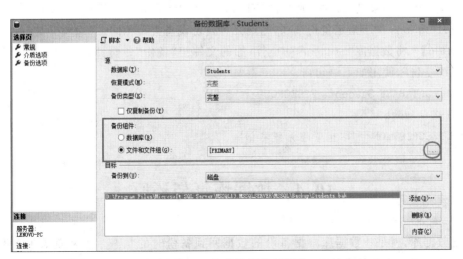

图 10-20　备份数据库文件组

③ 在"选择文件和文件组"对话框中,选择要备份的文件和文件组,单击"确定"按钮返回。

④ 打开"介质选项"页面,启用"追加到现有备份集"选项,以免覆盖现有的完整备份;选择"完成后验证备份"选项即可,如图 10-21 所示。

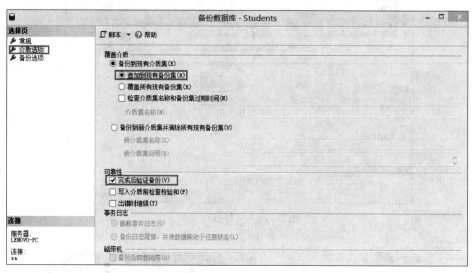

图 10-21　介质选项页面设置

⑤ 设置完成后,单击"确定"按钮开始备份,完成后将弹出成功消息。

2) 使用 BACKUP 语句创建文件组备份

可以使用 BACKUP 语句对文件组备份,具体的语法如下所示:

BACKUP DATABASE 数据库名 FILEGROUP =＜文件组名＞[n] TO
＜备份设备＞[n] WITH options

其中:

文件组名指定了要备份的文件或文件组,如果是文件,则写作"FILE
逻辑文件名";如果是文件组,则写作"FILEGROUP＝逻辑文件组名"。

WITH options 用于指定备份选项,与前几种备份设备类型相同。

【例 10-6】 将数据库"Students"中刚添加的文件组"备份"备份到本地磁盘备份设备"学生管理系统备份",使用如下语句:

BACKUP DATABASE Students FILEGROUP ='备份'
TO DISK ='test'
WITH DESCRIPTION ='学生管理系统备份'

10.4　数据恢复与还原

恢复数据库,就是让数据库根据备份的数据回到备份时的状态。当恢复数据库时,SQL Server 会自动将备份文件中的数据全部复制到数据库,并回滚任何未完成的事务,以保证数据库中的数据的完整性。

10.4.1　常规恢复

注意:在恢复数据前,需要断开准备恢复的数据库和客户端应用程序之间的一切连接,此时,所有用户都不允许访问该数据库,并且执行恢复操作的管理员也必须更改数据库连接到master 或其他数据库,否则不能启动恢复进程。

1. 使用 SQL Server Management Studio 工具恢复数据库的操作步骤

(1)在对象资源管理器中,展开"数据库"结点,右击需要恢复的数据库,在弹出的命令菜单中选择"任务"——"还原"——"数据库"命令,打开"还原数据库"窗口。

(2)在"还原数据库"的常规窗口中选中"设备"单选按钮,选择备份数据库,如图 10-22所示。

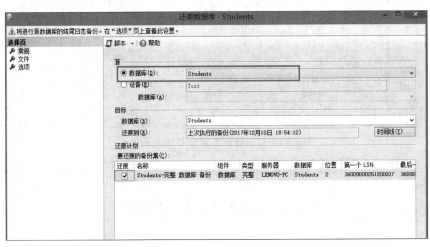

图 10-22　还原数据库

(3)在"还原数据库"窗口的"目标"区域。单击右侧 时间线(T)... 按钮,弹出备份时间线窗口,选择需要备份的时间点如图 10-23 所示。

(4)单击【确定】按钮,完成对数据库的还原操作。还原完成弹出还原成功消息对话框。

2. 使用 RESTORE 语句恢复数据库

使用 RESTORE 语句恢复数据库的语法如下:

RESTORE DATABASE［要还原的数据库］FROM［备份设备］［,…… ,n］
［WITH［FILE = 备份设备名 n］［,RECOVER | NORECOVERY］［,REPLACE］］

参数说明:

- 备份设备指要使用的逻辑或物理备份设备,其选项是＜逻辑文件名＞或＜DISK | TAPE＞='物理路径'
- FILE＝备份设备名 n:指备份设备中的第 n 个备份文件。
- RECOVER | NORECOVERY]:指示是否回滚任何没有提交的事务。
- REPLACE:指示是否覆盖相同名称的数据库。

【例 10-7】　从 D:\DATA\Stu. bak 数据库备份中还原到 Students 数据库。

RESTORE DATABASE Students FROM D:\DATA\Stu. bak

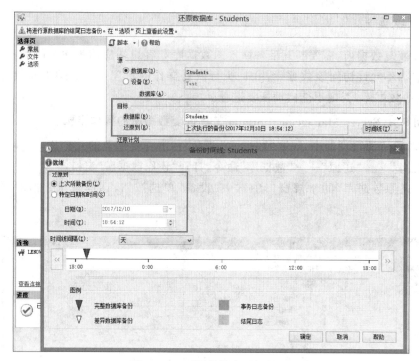

图 10-23　还原数据库目标界面

10.5　数据导入和导出

SQL Server 系统提供的数据导入和导出功能是一种十分实用的功能,它既能将数据库中的数据与外部其他文件进行便捷的转换,这样可以在异构数据环境中复制数据,这也是一种简单的数据备份机制。

10.5.1　数据导出

数据导出过程如下:

(1)在对象资源管理器中,展开"数据库"结点,右键单击需要导出的数据库,在弹出的命令菜单中选择"任务"——"导出数据"选项,如图 10-24 所示。

(2)数据导入和导出向导。弹出的"SQL Server 导入和导出向导"指导用户一步步完成输出的导出工作,第一个对话框是"欢迎使用 SQL Server 导入导出向导"对话框,介绍该向导的主要功能,单击"下一步"按钮。

(3)设置数据源。选择"数据源"对话框。在该对话框里可以选择导入/导出数据的数据源类型及具体数据源名称。选择"SQL Server Native Client 11.0"选项,在身份验证时,根据需要选择身份验证模式。设置完后单击"下一步"按钮。

(4)设置目标。在弹出的"选择目标"对话框基本设置数据导出目标位置及文件,如图 10-26所示。根据任务,在"目标"下来框中选择"Microsoft Excel",在"文件路径"文本框中,通过右侧的 浏览(W)… 按钮设置相应的目标文件。设置完成单击"下一步"按钮。

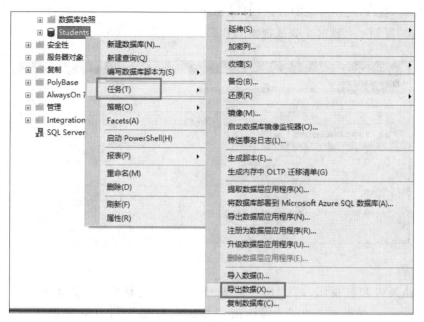

图 10-24　导出选项

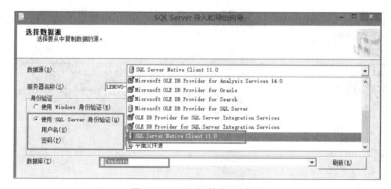

图 10-25　选择数据源窗口

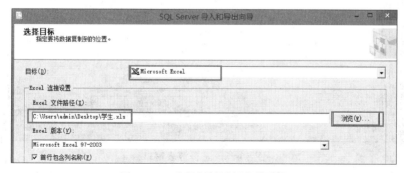

图 10-26　选择复制目标文件路径

（5）在"指定表复制或查询"界面上，用户需要对复制的类型进行选择，可选的类型有两种。

① 复制一个或多个表或视图的数据：导出一个或多个数据库中现存对象中的数据。

② 编写查询以指定要传输的数据:编写 SQL 查询语句来导出目标数据。

这里选择"复制一个或多个表或视图的数据"选项后单击"下一步"按钮。

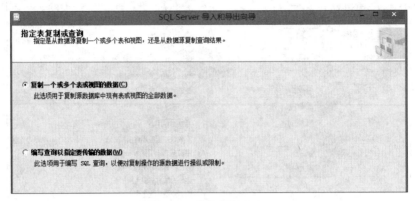

图 10-27　指定复制表窗口

（6）选择源表和源视图。在"选择源表和源视图"对话框,对具体数据源进行设置,如图 10-28 所示。根据任务要求,勾选需要导出的数据表前方的多选选项,例如"dbo.班级"。

图 10-28　选择源表窗口

在该对话框中,还可以对导出做一些详细的设置,通过 编辑映射(E)... 按钮可以打开新的对话框,显示数据导出后的数据类型信息。 预览(P)... 按钮,可以对导出数据的具体内容进行预览。设置结束后,单击"下一步"继续操作。

（7）保存并执行包。弹出的"保存并执行包"该对话框内可以选择是立即执行导入导出操作，还是将前面步骤的设置保存为 SSIS 包，以便日后的操作使用。根据任务要求，勾选"立即执行"复选框（默认设置），然后单击"下一步"按钮。

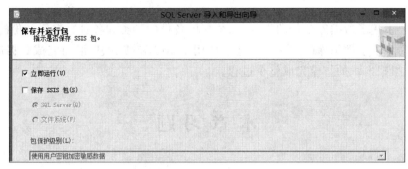

图 10-29　保存设置

（8）最后单击"完成"按钮完成设置，开始导出数据。

10.5.2　导入数据

导入数据和导出数据的操作基本类似。本章就不再重复。

拓 展 练 习

拓展任务一：完成"Students"数据库中数据的导出与导入

（1）将"Students"数据库中的"学生"表信息导出到外部的 Excel 文件中。
（2）将课程表中所有学分大于 3 的课程名称、学分导出到外部的 Excel 文件中。
（3）使用 Excel 文件向数据库"学生"表中导入两条学生信息。
提示：
（1）根据需要完成整表数据的导出。
（2）根据需要完成检索数据的导出。
（3）将外部数据导入数据库中。
（4）导入的数据类型及内容要符合数据的各种完整性要求，否则就会导入失败。

拓展练习二：完成"Students"数据库的备份

（1）根据实际需求，完成"Students"数据库每月 1 号完整备份一次，每周一差异备份一次的备份方案。
（2）删除目前的"学生管理"数据库，并使用前面的备份文件进行恢复。
提示：
（1）完成备份方案的实施。
（2）完成数据库的恢复。

本 章 小 结

本章主要讲述了数据库备份的重要性、数据库备份的种类和各种数据库备份的方法,以及从数据库备份中恢复数据库的方法。讲述了使用 SSMS 和 T-SQL 语句完成数据库备份的完整过程,可以根据本章的指导完成整个过程。

本 章 习 题

一、选择题

1. 备份文件的扩展名为( )。

    A. .mdf   B. .ldf   C. .bak   D. .back

2. 下列哪种方式不是数据库备份的类型( )。

    A. 完整备份   B. 差异备份   C. 日志备份   D. 用户备份

3. 数据库恢复的模式包括( )。

    A. 简单恢复   B. 完整恢复   C. 日志恢复   D. 以上都对

4. 数据库恢复的重要依据是( )。

    A. DBA   B. DB   C. 文档   D. 事务日志

5. 若备份策略采用完全备份和日志备份的组合,在恢复数据时,首先恢复最新的完全数据库备份,然后( )。

    A. 恢复最后一次的差异备份   B. 依次恢复各个差异备份

    C. 恢复最后一次日志备份   D. 依次恢复各个日志备份

二、填空题

1. 如果需要将一个 Excel 文件中的数据载入 SQL Server 系统中,可以使用的操作是_____。

2. 在还原差异备份之前,必须先具备的备份是_____。

3. 备份整个数据库的所有内容,包括用户表、系统表等数据库对象,还包括事务日志等对象的备份方式是_____。

4. 如果要将数据库备份到磁盘,有两种方式:一是文件方式;二是_____方式。

5. 只记录自上次数据库备份后发生更改的数据的备份称为_____备份。